AF867800

Max Planck Institute for Intellectual Property,
Competition and Tax Law

MPI Studies on Intellectual Property, Competition and Tax Law

---

Volume 13

Edited by

Josef Drexl
Reto M. Hilty
Wolfgang Schön
Joseph Straus

Joseph Straus • Peter Ganea • Yu-Cheol Shin
(Editors)

Patentschutz und Stammzellforschung

Internationale und rechtsvergleichende Aspekte

Springer

Professor Dr. Joseph Straus
Max-Planck-Institut für Geistiges Eigentum,
Wettbewerbs- und Steuerrecht
Marstallplatz 1
80539 München
j.straus@ip.mpg.de

Dr. Peter Ganea
Kurfürstenstraße 14
60486 Frankfurt
ganea@jur.uni-frankfurt.de

Professor Dr. Yu-Cheol Shin
Chungnam National-University
Research Center for Intellectual Property Law
Yuseonggu Gungdong 220
220 Daejeon 305-764
Republic of Korea
syc@cnu.ac.kr

ISBN 978-3-642-02495-5 e-ISBN 978-3-642-02496-2
DOI 10.1007/978-3-642-02496-2
Springer Dordrecht Heidelberg London New York

Die Deutsche Nationalbibliothek verzeichnet diese Publikation in der Deutschen Nationalbibliografie; detaillierte bibliografische Daten sind im Internet über http://dnb.d-nb.de abrufbar.

© Springer-Verlag Berlin Heidelberg 2009
Dieses Werk ist urheberrechtlich geschützt. Die dadurch begründeten Rechte, insbesondere die der Übersetzung, des Nachdrucks, des Vortrags, der Entnahme von Abbildungen und Tabellen, der Funksendung, der Mikroverfilmung oder der Vervielfältigung auf anderen Wegen und der Speicherung in Datenverarbeitungsanlagen, bleiben, auch bei nur auszugsweiser Verwertung, vorbehalten. Eine Vervielfältigung dieses Werkes oder von Teilen dieses Werkes ist auch im Einzelfall nur in den Grenzen der gesetzlichen Bestimmungen des Urheberrechtsgesetzes der Bundesrepublik Deutschland vom 9. September 1965 in der jeweils geltenden Fassung zulässig. Sie ist grundsätzlich vergütungspflichtig. Zuwiderhandlungen unterliegen den Strafbestimmungen des Urheberrechtsgesetzes.
Die Wiedergabe von Gebrauchsnamen, Handelsnamen, Warenbezeichnungen usw. in diesem Werk berechtigt auch ohne besondere Kennzeichnung nicht zu der Annahme, dass solche Namen im Sinne der Warenzeichen- und Markenschutz-Gesetzgebung als frei zu betrachten wären und daher von jedermann benutzt werden dürften.

Einbandentwurf: WMXDesign GmbH, Heidelberg

Gedruckt auf säurefreiem Papier

Springer ist Teil der Fachverlagsgruppe Springer Science+Business Media (www.springer.com)

Vorwort

Die Beiträge dieses Bandes entstammen einem Projekt des Forschungszentrums für Geistiges Eigentum der Chungnam National University, Daejon, Republik Korea, zum Thema „Patentierbarkeit der Forschungsergebnisse im Bereich der humanen embryonalen Stammzellen". Als die koreanischen Kollegen das Projekt, in dessen Kontext das sog. therapeutische Klonen besondere Beachtung hätte finden sollen, planten, war Korea in einer Art Stammzelleneuphorie. Die immer neuen und weltweit beachteten Erfolgsmeldungen über die aufregenden Forschungsergebnisse der Gruppe um *Woo Suk Hwang* von College of Veterenary Medicine, School of Agricultural Biotechnology der Seoul National University[1] ließen Großes erhoffen und auch angezeigt erscheinen, sich über die Möglichkeiten und Grenzen der Patentierbarkeit von Stammzellerfindungen rechtsvergleichend zu orientieren.

Obwohl schon im Laufe der Planung des Projekts klar geworden war, dass die in *Hwang* und seine Forschergruppe gesetzten Hoffnungen auf falschen Annahmen und gefälschten Daten beruhten, hielt man wohl nach dem Motto „Beyond Fraud – Stem-Cell Research Continues"[2] an dem Projekt fest. In der Tat haben noch 2006 *Shinya Yamanaka* und *Kazutoshi Takahashi* die interessierte Fachwelt mit der Meldung überrascht und hoch erfreut, dass es ihnen gelungen sei, somatische Mäusezellen (Fibroblasten) mit Hilfe von nur vier Genen, nämlich dem Oct4, Sox2, Klf4 und c-Myc in pluripotente Stammzellen zu reprogrammieren.[3] Es dauerte nicht lange, bis es *Yamanaka* und Kollegen gelungen war, das Gleiche mit humanen Fibroblasten-Zellen zu erreichen, was dann die Zeitschrift *Science* mit einem Bericht unter dem Titel „A Seismic Shift for Stem Cell Research,"[4] würdigte. Inzwischen gelingt die Reprogrammierung von Mäuse-Fibroblastenzellen in pluri-

---

1 Siehe z.B. W.S. Hwang, Y. J. Ryn, J.H. Park, E.S. Park, E.G. Lee, J.M. Koo, H.Y. Jeon, B.Ch. Lee, S.K. Kang, S.J. Kim, C. Ahn, J.H. Hwang, K.Y. Park, J.B. Cibelli, Sh.Y. Moon, Evidence of a Pluripotent Human Embryonic Stem Cell Line Derived From a Cloned Blastocyst, 303 Science 1669 ff. (12. März 2004); W.S. Hwang, S.I. Roh, B.Ch. Lee, S.K. Kang, D.G. Kwon, S. Kim, S.J. Kim, S.W. Park, H.S. Kwon, Ch.K. Lee, J.B. Lee, J.M. Kim, C. Ahn, S.H. Paek, S.S. Chang, J.J. Koo, H.S. Yoon, J.H. Hwang, Y.Y. Hwang, Y.S. Park, S.K. Oh, H.S. Kim, J.H. Park, Sh.Y. Moon, G. Schatten, Patient-Specific Embryonic Stem Cells Derived From Human SCNT Blastocysts, 308 Science 1777 ff.

2 Unter diesem Titel kritisierten zwar E.Y. Snyder und J.F. Loring in New England Journal of Medicine vom 26. Januar 2006 (S. 321 ff.) die Vorkommnisse um Hwang und seine gefälschten Forschungsergebnisse, stellten aber zugleich auch klar, dass dies die Fortführung der an sich so wichtigen Forschung nicht beschädigen dürfte.

3 Vgl. K. Takahashi und S. Yamanaka, Induction of Pluripotent Stem Cells From Mouse Embryonic and Adult Fibroblast Cultures by Defined Factors, 126 Cell 663 ff. (2006).

4 C. Holden und G. Vogel, 319 Science 560 ff. (1. Februar 2008).

potente Stammzellen bereits unter Verwendung eines einzigen Gens, nämlich mit der exogenen Expression des Transkriptions-Faktors Oct4.[5]

Mit dieser revolutionären Technologie ist es erstmals möglich geworden, völlig ohne Beteiligung, d.h. insbesondere Zerstörung von Embryonen, pluripotente Stammzellen und Zelllinien zu generieren. Ob damit aber die schwierige, bisher eigentlich nirgends ganz ausgetragene ethische Kontroverse um die Embryonenforschung und letztlich auch um die Patentierung deren Ergebnisse schon das von vielen Forschern erhoffte Ende finden wird, erscheint zunächst fraglich. Da diese neue Technologie noch auf die Verwendung von retroviralen Vektoren angewiesen ist und dies hohe Risiken der Tumorbildung mit sich bringt, eignet sie sich für den Einsatz beim Menschen zumindest vorerst nicht. Darüber hinaus erscheint es problematisch, Hautzellen als Ausgangsmaterial zu verwenden, obwohl diese durch das Altern oder Einfluss von Toxinen verändert sein könnten.[6] *Geron* Corporation, Menlo Park, Kalifornien, welche die erfolgreichen Pionierarbeiten im Bereich der embryonalen Stammzellforschung von *James Thomson* an der University of Wisconsin finanzierte und die die Schlüssellizenzen an Patenten der Wisconsin Alumni Research Foundation (WARF) hält, erklärte, dass sie weiterhin an der Entwicklung von Therapien ausschließlich auf der Basis von pluripotenten humanen embryonalen Stammzellen festhalten wird. Dies nicht etwas deshalb, weil sie exklusive Lizenzen an dieser Technologie hält, sondern aus Gründen der wissenschaftlichen Erkenntnisse. Abgesehen von den Gefahren, die von der Verwendung von retroviralen Vektoren und somatischen Fibroblasten ausgehen, hält man bei *Geron* die induzierten pluripotenten Stammzellen (iPS) auch deshalb für Patienten-spezifische Therapien für völlig ungeeignet, weil man dazu Millionen von Linien benötigte und man sie im Bedarfsfalle nicht schnell genug zur Verfügung stellen könnte.[7]

Wie verunsichert im Umgang mit Patentanmeldungen, die sich auf pluripotente embryonale humane Stammzellen beziehen auch das Europäische Patentamt geworden war, offenbarte eine Technische Beschwerdekammer des Europäischen Patentamts, die über die Patentierbarkeit der zum Patent angemeldeten Erfindung von *James Thomson* zu befinden hatte, in der u.a. beansprucht wurden:

> „1. Zellkultur mit embryonalen Stammzellen von Primaten, die (i) sich in einer In-vitro-Kultur über ein Jahr lang vermehren können, (ii) einen Karyotyp bewahren, in dem alle für die Primatenart normalerweise charakteristischen Chromosomen vorhanden sind und sich durch über ein Jahr langes Kultivieren nicht erkennbar verändern, (iii) während des Kultivierens ihr Potential bewah-

---

[5] Vgl. J.B. Kim, V. Sebastiano, W. Wu, M.J. Arenzo-Bravo, Ph. Sasse, L. Gentile, K. Ko, D. Ruau, R. Ehrich, D.v.d. Boom, J. Meyer, K. Hübner, Ch. Bernemann, Cl. Ortmeier, M. Zinke, B.K. Fleischmann, H. Zaehres, und H.R. Schöler, Oct4 – Induced Pluripotency in Adult Neural Stem Cells, 136 Cell 411 ff. (6. Februar 2009).

[6] Vgl. C. Holden und G. Vogel, 319 Science 561 (1. Februar 2008).

[7] Vgl. C. Holden und G. Vogel, 319 Science 561, 562 (1. Februar 2008), die sich auf ein Gespräch mit Thomas Okarma, Präsident von Geron, Robert Lonza, Chief Scientific Officer von Advanced Cell Technology (ACT), Worchester, Mass., und Stephen Minger von Kings College in London, berufen.

ren, zu endo-, meso- und ektodermalen Gewebederivaten zu differenzieren, und (iv) an der Differenzierung gehindert werden, wenn sie auf einer Nährschicht auf Fibroblasten kultiviert werden"

...

„9. Verfahren zu Erhaltung einer Zellkultur nach einem der vorstehenden Ansprüche, das die Kultivierung der embryonalen Stammzellen von Primaten auf einer Nährschicht aus Fibroblasten umfasst, so dass sich die embryonalen Stammzellen von Primaten in Kultur in einem undifferenzierten Stadium vermehren."

„10. Verfahren zur Erzeugung differenzierter Primatenzellen in Kultur, das den Schritt umfasst, embryonale Stammzellen von Primaten aus einer Zellkultur nach einem der Ansprüche 1-8 differenzieren zu lassen."[8]

In der Zwischenentscheidung vom 7. April 2006[9] legte die Technische Beschwerdekammer der Großen Beschwerdekammer u.a. folgende Fragen vor:

„2. ..., verbietet Regel 23 d c) EPÜ[10] Die Patentierung von Ansprüchen auf Erzeugnisse (hier: menschliche embryonale Stammzellkulturen), die – wie in der Anmeldung beschrieben – zum Anmeldezeitpunkt ausschließlich durch ein Verfahren hergestellt werden konnten, das zwangsläufig die Zerstörung der menschlichen Embryonen umfasst, aus denen die Erzeugnisse gewonnen werden, wenn dieses Verfahren nicht Teil der Ansprüche ist?

3. Falls die Frage ... 2 verneint wird, verbietet Art. 53 (a) EPÜ die Patentierung solcher Ansprüche?

4. Ist es im Rahmen der Fragen 2 und 3 von Bedeutung, dass nach dem Anmeldetag dieselben Erzeugnisse auch ohne Rückgriff auf ein Verfahren hergestellt werden konnten, das zwangsläufig die Zerstörung menschlicher Embryonen umfasst (hier: z.B. Gewinnung aus vorhandenen menschlichen embryonalen Stammzellen?)"

Seit dem 25. November 2008 sind die Antworten der Großen Beschwerdekammer des Europäischen Patentamts auf die ihr gestellten Fragen zwar bekannt, jedoch blieb die generelle Frage nach der Patentierbarkeit von Erfindungen, die sich auf humane Stammzellen oder humane Stammzell-Kulturen beziehen, weiterhin offen. In Nr. 35 der Entscheidungsgründe heißt es nämlich:

---

[8] Zur Vorgeschichte der Formulierung der Thomson Ansprüche siehe Crespi, Embryonic Stem Cell Technology: A Crisis Point for European Patent Law?, 3 BSLR (2005/2006), 193 ff. (193 f.).

[9] T 1374/04 – 3.3.08, ABl. EPA 2007, 313.

[10] Nach EPÜ 2000 Regel 28 (c).

„In view of the questions referred, this decision is not concerned with the patentability in general of inventions relating to human stem cells or human stem cells cultures. It holds unpatentable inventions concerning products (here: human stem cell cultures) which can only be obtained by the use involving the destruction of human embryos.“[11]

Zur Begründung ihrer letztlich doch generellen Verneinung der Patentierbarkeit aller Erfindungen, die sich auf Stammzellen oder Stammzellkulturen beziehen, die humanen embryonalen Ursprungs sind, d.h. auch unabhängig von der zum Patent angemeldeten technischen Lehre in irgendeinem Vorstadium durch oder als Folge der Zerstörung von menschlichen Embryonen gewonnen wurden und auch völlig unabhängig davon, ob diese Gewinnung im Einklang mit den geltenden Rechtsnormen stattgefunden hat, führt die Große Beschwerdekammer u.a. aus.

Die in Frage stehende Erfindung beträfe u.a. humane embryonale Stammzellkulturen, die am Anmeldetag ausschließlich mit einem Verfahren gewonnen werden konnten, das notwendigerweise die Zerstörung des menschlichen Embryos umfasste, von dem sie stammen, wobei das Verfahren selbst nicht beansprucht werde. Die Regel 28 (früher 23 d) EPÜ sehe u.a. vor: „Nach Artikel 53 a) werden europäische Patente insbesondere für biotechnologische Erfindungen nicht erteilt, die zum Gegenstand haben … (c) die Verwendung von menschlichen Embryonen zu industriellen und kommerziellen Zwecken. Es stelle sich die Frage, ob die in Rede stehende Erfindung unter das Verbot dieser Vorschrift falle.[12] Nachdem die Kammer festegestellt hatte, dass die Regeln 26-29 (früher 23 b bis e) EPÜ eingeführt wurden, um das EPÜ mit der Richtlinie 98/44/EG über den rechtlichen Schutz biotechnologischer Erfindungen in Einklang zu bringen und diese Richtlinie als ergänzendes Auslegungsmittel zu verwenden sei, stellt die Kammer auch fest, dass für die Auslegung der in der Richtlinie verwendeten Vorschriften und Begriffe *mutatis mutandis* die Grundsätze der Wiener Vertragsrechtskonvention zur Anwendung gelangen, d.h., dass die in einer Vorschrift der Richtlinie verwendeten Begriffe im Zusammenhang der Vorschrift, nach deren üblichen Bedeutung und im Lichte des Ziels und des Zwecks der Vorschrift, einschließlich der vorbereitenden Dokumente („preparatory documents“), auszulegen sind.

Die Vorschrift des Art. 6 (2) (c) der Richtlinie und somit auch der Regel 28 (c) (früher 23 d (c)) EPÜ sei gradlinig und verbiete die Patentierung wenn ein menschlicher Embryo für industrielle oder kommerzielle Zwecke verwendet wird. Diese Lesart sei auch im Einklang mit dem Anliegen des Gesetzgebers, Missbräuche im Sinne einer Komodifizierung menschlicher Embryone zu verhindern. In diesem Zusammenhang beruft sich die Große Beschwerdekammer auch auf ein Urteil des deutschen Bundespatentgerichts vom 5. Dezember 2006[13] sowie auf die selektive

[11] G 302/06 vom 25.11.2008.

[12] Nr. 15 der Entscheidungsgründe.

[13] GRUR 2007, 1049 – *Neurale Vorläuferzellen*, mit Anm. von Dederer; siehe ferner Trips-Herbert/Grund, Die Früchte des verbotenen Baumes? Die Patentierung von Stammzellen nach dem „Brüstle-Urteil“ des Bundesptentgerichts und mögliche Fernwirkungen für die pharmazeutische Industrie, PharmR 10/2007, 397 ff.

Förderung der Stammzellforschung durch die Europäische Gemeinschaft.[14] Die Kammer wies den Vortrag der Anmelderin zurück, wonach im Einklang mit dem Gebrauch im Bereich der Medizin der besondere Begriff Embryo lediglich auf 14 Tage alte und ältere Embryonen Anwendung finden könne. Die Kammer gab zunächst zu, dass sowohl der europäische als auch der EPÜ Gesetzgeber davon abgesehen hätten, den Begriff „Embryo", wie er in der Richtlinie und jetzt in Regel 28 (früher 23 d) EPÜ verwendet wird, zu definieren. Dem gegenüber definieren § 8 des deutschen Gesetzes zum Schutz von Embryonen vom 13. Dezember 1990 den Begriff Embryo als ein befruchtetes Ei einschließend und Sec. 1 (1) des UK Human Fertilization and Embryology Act 1990, als zwei Zellen Zygote und ein Ei im Verfahren der Befruchtung.

Dem EU und dem EPÜ Gesetzgeber, so die Große Beschwerdekammer, mussten die Definitionen des Embryos in nationalen Gesetzen bekannt gewesen sein, dennoch haben sie den Begriff undefiniert gelassen. Angesichts des Zwecks, die Menschenwürde zu schützen und die Kommerzialisierung von Embryonen zu verhindern, könne die Große Beschwerdekammer nur annehmen, dass dem Begriff „Embryo" in der Regel 28 (früher 23 d) EPÜ keine restriktive Bedeutung beigemessen werden kann. Dies zu tun würde die Absicht des Gesetzgebers unterlaufen.[15]

Den Einwand der Beschwerdeführerin, dass die Verwendung von Embryonen nur dann unter das Verbot der Regel 28 (c) (früher 23 d (c)) EPÜ fiele, wenn man die Verwendung von Embryonen beansprucht hätte, lehnte die Kammer ebenfalls ab. Die Regel erwähne die Ansprüche nicht, sondern beziehe sich auf die „Erfindung" im Kontext ihrer Verwertung. Daher genüge es nicht, lediglich den expliziten Wortlaut der Ansprüche zu beachten. Es komme auf die technische Lehre der Anwendung als Ganzes an, also wie die Erfindung ausgeführt wird. Bevor menschliche embryonale Zellkulturen verwendet werden können, müssen sie zunächst hergestellt werden. Da in dem der Großen Beschwerdekammer vorgelegten Fall die einzige Lehre, wie die Erfindung zur Herstellung von humanen embryonalen Stammzellkulturen ausgeführt werden kann, die Verwendung von menschlichen Embryonen (ihre Zerstörung mit umfassend) darstellt, falle diese Erfindung unter das Verbot der Regel 28 (c) (früher 23 d (c)) EPÜ.[16] Würde man die Anwendung der Regel 28 (c) (früher 23 d (c)) EPÜ auf das beschränken, was nach Gutdünken des Anmelders in den Patentansprüchen explizit untergebracht wurde, hätte dies die unerwünschte Folge, die Vermeidung des Patentierungsausschlusses lediglich zu einer Angelegenheit geschickter Anspruchsformulierung zu machen.[17]

---

[14] Nr. 18 der Entscheidungsgründe.

[15] Nr. 20 der Entscheidungsgründe.

[16] Die Kammer verweist hier explizit auf die Entscheidung des Bundespatentgerichts vom 5. Dezember 2006, Nr. IV 2.1-2.3.

[17] Nr. 22 der Entscheidungsgründe.

Als irrelevant unter der Regel 28 (c) EPÜ bezeichnete die Große Beschwerdekammer auch den Einwand der Anmelderin, es würde zu weit gehen, wenn man in die Beurteilung des Patentierungsausschlusses alle Schritte einbeziehen würde, die der Erfindung vorausgehen.[18] Ein beanspruchtes neues und erfinderisches Erzeugnis müsste zuerst hergestellt werden, bevor es verwendet werden kann. Solche Herstellung ist der übliche Weg der kommerziellen Verwertung der beanspruchten Erfindung und falle innerhalb des gewährten Monopols, dass derjenige, der eine Patentanmeldung mit einem auf ein solches Erzeugnis gerichteten Anspruch ab der Patenterteilung das Recht hat, andere von der Herstellung und Verwendung des Erzeugnisses auszuschließen. Die Herstellung des beanspruchten Erzeugnisses bleibe eine kommerzielle oder industrielle Verwertung der Erfindung auch dann, wenn die Absicht besteht, das Erzeugnis für weitere Forschung zu verwenden. Dieser Verwendung, welche die Zerstörung des menschlichen Embryos umfasst, stelle daher einen integralen und wesentlichen Teil der industriellen oder kommerziellen Verwertung der beanspruchten Erfindung dar und verletzte folglich das Verbot der Regel 28 (c) (früher 23 d (c)) EPÜ.[19]

Kein Gehör fand auch der Einwand der Anmelderin, der Ausschluss der in Rede stehenden Erfindung von der Patentierung würde gegen Art. 53 (a) EPÜ und Art. 27 TRIPS verstoßen. Die Kammer vertrat die Auffassung, dass es im Zusammenhang mit dem Verstoß gegen die öffentliche Ordnung und gute Sitten nicht auf die Tatsache der Patentierung, sondern auf die Ausführung der Erfindung ankommt, welche einen Schritt (Verwendung einschließlich Zerstörung eines Embryos) umfasst, der dieser Konzeption entgegen läuft.[20] Nach Meinung der Großen Beschwerdekammer wollten sowohl der EPÜ- als auch der Richtliniengesetzgeber Erfindungen der Art, wie die der Vorlage zugrunde liegende, als innerhalb der Reichweite des Art. 53 (a) EPÜ und des TRIPS Übereinkommens angesiedelt wissen. Sodann fügte die Große Beschwerdekammer wörtlich hinzu:

> „In view of this result, it is not necessary nor indeed appropriate to discuss further arguments and points of view put forward in these proceedings, such as whether the standard of *ordre public* or morality should be a European one or not, whether it matters if research in certain European countries involving the destruction of human embryos to obtain stem cells is permitted, whether the benefits of the invention for humanity should be balanced against the prejudice to the embryo or what the point in time is to assess *ordre public* or morality under Article 53 (a) EPC. The legislators have decided, remaining within the ambit of Article 53 (a) EPC and there is no room for manoeuvre."[21]

---

[18] Nr. 23. der Entscheidungsgründe.
[19] Nr. 25 der Entscheidungsgründe.
[20] Nr. 28-29 der Entscheidungsgründe.
[21] Nr. 31 der Entscheidungsgründe.

An dieser Feststellung ändere sich auch nichts, so die Kammer in Beantwortung der Frage 3, wenn technische Entwicklungen, die nach dem Anmeldedatum öffentlich erhältlich werden, welche die Herstellung von menschlichen embryonalen Stammzellkulturen ohne Zerstörung von Embryonen ermöglichten.[22]

Aus der Entscheidung der Großen Beschwerdekammer des EPA ergibt sich, dass Erfindungen, die sich z.B. auf menschliche embryonale pluripotente Stammzellkulturen beziehen, selbst dann von der Patentierung ausgeschlossen bleiben, wenn z.B. die Stammzellkulturen in Neuseeland völlig im Einklang mit der dortigen Gesetzgebung aus überzähligen Embryonen (unter Einbeziehung deren Zerstörung) hergestellt wurden, die Anmeldung lediglich die Verwendung der Zellkulturen für bestimmte Zwecke beansprucht, eine Neugewinnung der Zellkulturen aus Embryonen zur Ausführung der beanspruchten Erfindung nicht notwendig ist und kommerzielle Verwertung des Erzeugnisses z.B. als Patienten-spezifisches Arzneimittel in einem oder gar allen EPÜ Vertragsstaaten erlaubt wäre. Dieses Ergebnis wirft mehr als eine Frage auf: Zum einen ist die Kompatibilität dieses Ergebnisses mit der Regelung des Art. 27 (2) TRIPS, deren Beachtung Erwägungsgrund 36 der Richtlinie 98/44/EG ausdrücklich bekräftigt, mehr als fraglich. Danach geht man übereinstimmend davon aus, dass eine Erfindung nicht von der Patentierung aus Gründen der Ethik und Moral ausgeschlossen werden kann, wenn deren Kommerzialisierung in dem betreffenden Land erlaubt ist.[23] Die Kammer hat diese Frage nur sehr verkürzt angesprochen und, nach hiesigem Dafürhalten, eine Reihe von Aspekten, aus welchen Gründen auch immer, unbeachtet gelassen. Nicht weniger fraglich erscheint die Auslegung der Regel 28 (c) EPÜ, welche Art. 6 (2) der Richtlinie entspricht. Es ginge hier zu weit, wollte man sich mit den Entscheidungsgründen der Großen Beschwerdekammer näher auseinandersetzen. Der Antrag der Anmelderin, die Große Beschwerdekammer des EPA möge die an sie gestellten Fragen an den Europäischen Gerichtshof in Luxemburg weiterleiten, blieb verständlicherweise aus rein formellen Gründen ohne Erfolg. Nichtsdestotrotz wird der Europäische Gerichtshof in Luxemburg die Institution sein, die über diese Auslegungsfragen der Richtlinie 98/44/EG in letzter Instanz zu entscheiden haben wird. Es ist zu hoffen, dass der Bundesgerichtshof, bei dem zur Zeit das so genannte „Brüstle-Patent" zur Verhandlung ansteht, den Weg nach Luxemburg nicht scheuen wird. Dies erscheint aus einer Reihe von Gründen angezeigt. Nur eine Entscheidung aus Luxemburg kann die dringend benötigte Rechtssicherheit und eine EU-weite harmonisierte

---

22 Nr. 33 der Entscheidungsgründe.

23 Vgl. dazu Correa, The GATT Agreement on Trade-Related Aspects of Intellectual Property Rights: New Standards for Patent Protection, [1994] EIPR 327 ff. (328); Straus, Bedeutung des TRIPS für das Patentrecht, GRUR Int. 1996, 179 ff. (189); König/Müller, EG-Rechtlicher Schutz biotechnologischer Erfindungen am Beispiel von Klonverfahren an menschlichen Stammzellen, EuZW 1999 (22), 681 ff. (687); Calame, Öffentliche Ordnung und gute Sitten als Schranken der Patentierbarkeit gentechnologischer Erfindungen, Basel 2001, Anm. 733.

Behandlung dieser Frage sicherstellen.[24] Sollte der EuGH zu einem anderen Ergebnis gelangen als die Große Beschwerdekammer des EPA, so wird entweder eine Überprüfung der jetzigen Rechtsposition der Großen Beschwerdekammer stattfinden müssen, oder aber, den Erfindern/Anmeldern wird nur noch der nationale Weg in den Mitgliedstaaten der Europäischen Gemeinschaft offen stehen. Für die nationalen Behörden und Gerichte der EU-Mitgliedstaaten wird nämlich die EuGH Auslegung des Art. 6 (2) der Richtlinie 98/44/EG bindend sein.

Die Beiträge im vorliegenden Band geben kompetent Auskunft über die gegenwärtige Rechtslage in Australien, der Bundesrepublik Deutschland, Frankreich, Italien, Japan, Kanada, der Republik Korea, Österreich, der Schweiz, der Volksrepublik China und nach europäischem Recht. Sie machen insbesondere die Gefahr deutlich, dass eine dauerhafte Schutzverweigerung für die Forschungsergebnisse in diesem Bereich in Europa nicht nur zu noch mehr *brain drain* nach Übersee führen dürfte, sondern auch, dass dort auch die für die Forschung und Entwicklung dringend benötigten finanziellen Mittel zur Verfügung stehen werden. Der neue amerikanische Präsident Barack Obama hat dazu bereits die Weichen gestellt.

Besonderer Dank ist geschuldet Professor Dr. Yu-Cheol Shin, Direktor des Forschungsinstituts für Rechtswissenschaften der Chungnam National-Universität in Daejon, der das Projekt wissenschaftlich hauptverantwortlich konzipiert und die dazu benötigten finanziellen Mittel organisiert hatte. Dank geht auch an den Dekan der dortigen juristischen Fakultät, Professor Dr. Kyung Soo Shim und den Rektor der Universität, Professor Hyun Soo Yang.

Für wertvolle redaktionelle Mitarbeit sei schließlich Herrn Rechtsanwalt Simon Klopschinski sehr herzlich gedankt.

Februar 2009 Joseph Straus

[24] Im Unterschied zur Großen Beschwerdekammer des EPA ließ das UK Patent Office bereits 2003 verlauten: „Human embryonic pluripotent stem cells, which arise from division of totipotent cells, do not have the potential to develop into entire human body. [...] Thus, the Patent Office is ready to grant patents for inventions involving such cells provided they satisfy the normal requirements for patentability." (siehe Straus, Zur Patentierbarkeit von embryonalen Stammzellen nach europäischem Recht, Jahrbuch für Wissenschaft und Ethik 2004, S. 111 ff. (Fußn. 41 auf S. 128-129)). Inzwischen hat das britische Patentamt bereits mehrere Patente auf menschliche pluripotente embryonale Stammzellen erteilt, so z.B. das Patent GB 2407822 für „Oligodendrocytes derived from hESCs for remyelation and treatment of spinal cord injury" vom 22.2.2006. Es dürfte keinem Zweifel unterliegen, das im Falle einer arzneimittelrechtlichen Zulassung, dieses Medikament z.B. in Deutschland vertrieben und eingesetzt wird, unabhängig davon, dass die Oligodendrocyten aus menschlichen embryonalen Stammzellen gewonnen wurden.

Inhaltsübersicht

Vorwort V

Joseph Straus

Verzeichnis der Herausgeber und Autoren XV

A Study on the Patentability of Inventions related to Human Embryonic Stem Cells in Korea 1

Mi-Chung Ahn

Patentierbarkeit der Forschungsergebnisse im Zusammenhang mit human-embryonalen Stammzellen, insbesondere mit dem sog. therapeutischen Klonen – Aspekte des deutschen und europäischen Rechts 11

Hans-Georg Dederer

Patentability of Research Results in Connection with Human-Embryonic Stem Cells, especially with the So-Called Therapeutic Cloning – Chinese Points of View 65

Tang Guangliang

Die Regelung der Patentierung von Erfindungen mit embryonalen Stammzellen in der Schweiz, in Frankreich, in Österreich und in Italien . 73

Rainer J. Schweizer

Aspekte des britischen, amerikanischen, kanadischen und australischen Rechts 97

Tade M. Spranger

The Issues Surrounding Patent Protection for Human-Embryonic Stem Cells and Therapeutic Cloning in Japan 111

Koichi Sumikura

Verzeichnis der Herausgeber und Autoren

Mi-Chung Ahn, Ph.D., Managing Partner, ERUUM Patent Law Firm, Seoul

Hans-Georg Dederer, Dr. jur., o. Professor an der Universität Passau

Peter Ganea, Dr. phil. Goethe Universität, Frankfurt a.M.

Tang Guangliang, (Full) Professor, Law School, China Academy of Social Sciences, Beijing, Republic of Korea

Rainer J. Schweizer, Dr. jur., Professor für Öffentliches Recht einschließlich Europarecht und Völkerrecht, Universität St. Gallen

Yu-Cheol Shin, Dr. jur., (Full) Professor, Law School, Chungnam National University, Daejeon, Republic of Korea

Joseph Straus, Prof. Dr. Dres. h.c., Direktor Emeritus, Max-Planck-Institut für Geistiges Eigentum, Wettbewerbs- und Steuerrecht, München

Koichi Sumikura, Ph.D., Associate Professor, National Graduate Institute for Policy Studies, Tokyo

Tade M. Spranger, Priv.-Doz., Dr. jur., Dr. rer. pol., Leiter einer BMBF-Forschungsgruppe am Institut für Wissenschaft und Ethik, Universität Bonn

A Study on the Patentability of Inventions related to Human Embryonic Stem Cells in Korea

*Mi-Chung Ahn, Ph.D.**

1 Historical Background of Biopatent and its Legislation System 1
1.1 Promotion of Biotechnology and Biopatent in Korea 1
1.2 Legislation System 2
2 Unpatentable Subject Matter of Biotechnological Invention 2
2.1 Microorganism Invention 2
2.2 Animal Invention 3
2.3 Genetic Engineering Invention 4
3 Patentability of inventions related to Embryonic Stem Cell(ESC) research 5
3.1 Ethical rule for ESC inventions 5
3.2 Major Provisions of "Bioethics and Biosafety Act" related ESC research 6
3.2.1 The Establishment of National Bioethics Committee and Institutional Review Boards 6
3.2.2 Prohibition on Human Cloning and the Transfer of Embryos between Two Different Species 6
3.2.3 Producing Embryos 6
3.2.4 Research on Remaining Embryos 6
3.2.5 Somatic Cell Embryo Clones 7
3.2.6 Interim Measures on Embryo & ESC Research 7
4 Future Aspects Related to Patentability Issues of Human ESC Research 7

1 Historical Background of Biopatenting and its Legislation System

1.1 Promotion of Biotechnology and Biopatent in Korea

The Korean government has been supporting R&D in biotechnology since legislating the "Genetic Engineering Promotion Law" in 1983. In 1993, the government initiated the National Biotechnology Development Program[1], an ambitious 14-year plan to promote biotechnology. The program aims at making Korean's science and technology sector competitive with that of the world's leading countries and also accelerating the technological transfer of biotechnology research to commercial applications. Since the late 1990s, the government has viewed the bio-industry as a key industry for the 21st century and has undertaken unsurpassed efforts for technological advances in related fields. Since 2000, the government's annual budget for biotechnology has increased each year by an average of 30 percent. In addition the government is providing even more research and development support, financial support, and industrial basis support.

* Ph.D., Managing Partner, ERUUM Patent Law Firm, Seoul.

[1] It is called "Biotech 2000 Program".

J. Straus et al. (eds.), *Patentschutz und Stammzellforschung: Internationale und rechtsvergleichende Aspekte*, MPI Studies on Intellectual Property, Competition and Tax Law 13, DOI 10.1007/978-3-642-02496-2_1, © Springer-Verlag Berlin Heidelberg 2009

The history of granting patents for microorganisms and natural extracts in Korea began in 1987 when the "Record of Understanding on Intellectual Property Rights"[2] was signed between Korea and the U.S. The microorganisms referred to in the Record include both newly discovered natural strains of microorganisms and genetically altered microorganisms. In 1990, food products were added to the list of patentable subject matter in addition to microorganisms and natural extracts. During the last 10 years, the number of Biopatent applications has rapidly increased.

1.2 Legislation System

Korean laws are more inclusive than the minimum requirement level specified by the provisions of TRIPs Article 27.3(b). Even though the provisions of TRIPs allow member countries to exclude animals and plants from patentability, any biotechnological invention of microorganisms, animals or plants is patentable subject matter in Korea. An ethical restriction on the patentability of biotechnological inventions is strictly judged under Patent Law Article 32, which provides that inventions liable to contravene the public order or morality or cause injury to the public health shall not be patentable. Based on this provision, the Korean Intellectual Property Office (KIPO) has stipulated unpatentable subject matter related to biotechnological inventions in the Patent Examination Guideline for Biotechnological Inventions (PEGBI), which was established in 1998.

2 Unpatentable Subject Matter of Biotechnological Invention

2.1 Microorganism Invention

Korea abides by the international standards for the protection of microorganism inventions. Microorganism inventions include both the microorganism itself and the use of new or known microorganisms. Microorganisms are defined as viruses, bacteria, protozoas, yeast, fungi, mushrooms, unicellular algae, actinomyces, etc. In addition, non-specialized cells of animals or plants as well as tissue culture are included in the definition of Microorganism.[3] The requirement and procedure for the deposition of microorganisms was specified in the Regulation of Patent Law, Article 2 to Article 4.

---

2 Section B, "Patent rights": (1) a comprehensive bill to amend the patent law to include patent coverage for chemical and pharmaceutical products and new uses of chemical and pharmaceutical products will be introduced to the National Assembly by the end of September 1986. The Government of the Republic of Korea will give its best effort to secure enactment of the bill by the end of 1986. Regulations, guidelines and other administrative mechanisms will be formulated so that applications for patents may be accepted by the Office of Patents administration no later than July 1, 1987. (…) (5) Patent protection for new microorganisms will be effective at the same time as for chemical products and pharmaceuticals. (6)Korea will accede to the Budapest Treaty in 1987.

3 'Patent Examination Guideline for Biotechnological Invention', KIPO, p. 24.

Microorganism inventions are deemed to be unpatentable under Article 32, in the following instances:[4]

(1) The invention is liable to destroy the ecosystem
(2) The invention is liable to cause environmental contamination
(3) The invention is liable to hurt human beings

2.2 Animal Invention

An animal invention is a non-naturally occurring, non-human multicellular animal that includes inventions related to parts of animal, production methods, and usage.[5] Korea has achieved much success in this field and understands the importance of patent protection for encouraging technical advancement. In 2000, the first two patents for multicellular animals were issued. These patents claimed a transgenic mouse deficient in T-cells[6] and a diabetes-inducing transgenic mouse[7]. The patents were applied for in 1994 but were rejected during the examination process for failure to deposit an embryo. However, the Tribunal board of KIPO reversed the decision of the examination office by declaring that deposition of an embryo is not essential for these inventions. The patents for these inventions were granted in the U.S. and Japan in 1998[8]. The deposition of an embryo during the examination process is considered to be an essential prerequisite for granting animal patents. The Korean Collection for Type Culture (KCTC) is approved by the WIPO as an International Depository Authority (IDA) for the deposition of embryos.

The unpatentable subject matter for animal inventions under the Patent Law Article 32 is listed below as it states in the PEGBI[9]:

(1) The invention is liable to destroy the ecosystem;
(2) The invention is liable to cause environmental contamination;
(3) The invention is liable to hurt human beings;
(4) The invention is liable to cause abhorrence;
(5) The invention is liable to cause severe cruelty to animals compared to the benefit to human beings;
(6) The invention includes human beings as subject matter;

---

4 'Patent Examination Guideline for Biotechnological Invention', KIPO, p. 28-29.

5 'Patent Examination Guideline for Biotechnological Invention', KIPO, p. 42.

6 KR94-030675, "Transgenic mouse deficient in T-cells" is provided by fusing human heat shock protein (Hsp) gene with H2K promoter and transferring it to a mouse. Transgenic mouse line with a shrunken thymus and edficient in T-cells not having mature T-cells can be obtained.

7 KR94-030676, "A diabetes-inducing transgenic mouse" is a transgenic mouse containing recombinant DNA including a promoter and a heat shock protein 70 gene attached downstream of the promoter. Transgenic mice line inducing non-insulin dependent diabetes having a blood glucose level of 300 mg/dl was obtained.

8 KR94-030675: US5847357(98.12.8), JP2771494(98.7.2).

9 'Patent Examination Guideline for Biotechnological Invention', KIPO, p. 45.

(7) The invention is a process for cloning human beings; products and processes for modifying the germ line genetic identity of human beings;[10]
(8) The invention is related behavior or R&D products that are prohibited by the "Bioethics and Biosafety Act".[11]

However, any invention whose R&D results are approved by the provisions of the "Bioethics and Biosafety Act" is patentable.[12]

2.3 Genetic Engineering Invention

The patentable subject matter of genetic engineering inventions includes genes, DNA fragments, antisense, vectors, recombinant vectors, transformants, fused cells, monoclonal or polyclonal antibodies, proteins or recombinant proteins, etc. In addition, the inventions related to microorganisms, plants or animals taking advantage of genetic engineering technology are included in this category of inventions.[13]

The following cases are not deemed to be complete under Patent Law Article 29.1:

(1) When corresponding to a mere discovery; or
(2) Inventions directed to a gene, vector, recombinant vector, transformant, fused cell, monoclonal antibody, protein, or recombinant protein, where specific production methods thereof are not described in sufficient detail in the specification.

However, an invention is deemed to be complete when the gene or protein is artificially isolated and identified from a living thing, and its function is clarified.[14] In the case of an Expressed Sequence Tag[15] (EST) with an unknown function and unspecified utility, it is not patentable because of its deficiency in industrial applicability and the enablement requirement.

Genetic engineering inventions are deemed to be unpatentable under Patent Law Article 32 in the following instances:[16]

(1) The invention is liable to destroyed the ecosystem
(2) The invention is liable to cause environmental contamination
(3) The invention is liable to hurt human beings or cause a result denigrating the dignity of human being

---

[10] The inventions under (6) and (7) were recently added to the guideline in Dec. 2003 as part of the second amendment.

[11] The inventions under (8) were recently added to the guideline in May 2005 as part of the third amendment.

[12] It was recently added to the guideline in May 2005 during the third amendment.

[13] 'Patent Examination Guideline for Biotechnological Invention', KIPO, p. 1.

[14] 'Patent Examination Guideline for Biotechnological Invention', KIPO, p. 11-12.

[15] EST is the gene fragments having 300-500 base pairs which are mostly obtained through the Human Genome Project.

[16] 'Patent Examination Guideline for Biotechnological Invention', KIPO, p. 10 – 11.

(4) The invention for a transformant failed to exclude human beings as subject matter[17]
(5) Behavior related to the invention or the R&D product is prohibited by the "Bioethics and Biosafety Act".[18]

However, any invention that results from R&D that is approved by the provisions of the "Bioethics and Biosafety Act" is patentable.[19]

3 Patentability of inventions related to Embryonic Stem Cell (ESC) research

3.1 Ethical rule for ESC inventions

Even though there are several laws related to the life of human beings in Korea, they do not regulate research on human embryos directly. In 2004, the Korean government prepared the Bioethics and Biosafety Act (BBA) to control the ethical issues of biotechnological research including human ESC. The objective of the BBA is to enhance the health of human beings and the quality of human life by creating conditions that allow for the development of life sciences and biotechnologies that can be used to prevent or cure human diseases. Additionally, this act aims to protect human dignity and to prevent harm to human beings by ensuring that these life sciences and biotechnologies are developed safely and in accordance with the principles of bioethics.[20] This Act regulates the research of human embryos or ESC.

To cope with the promulgation of the BBA, the KIPO amended the PEGBI in 2005. According to the amended PEGBI, any invention related to a behavior or an R&D product that is prohibited by the BBA is unpatentable. However, it should be noted that any invention that is approved by the National Bioethics Committee is excluded from the unpatentable subject matter under Art. 32 of the Patent Law. Therefore, the BBA is now a critical means of determining the patentability of research related human ESC in Korea.

---

[17] The inventions under (4) were recently added to the guideline in Dec 2003, as part of the second amendment.

[18] The inventions under (5) were recently added to the guideline in May 2005, as part of the third amendment.

[19] It was recently added to the guideline in May 2005, as part of the third amendment.

[20] Article 1 of the Acts.

3.2 Major provisions of "Bioethics and Biosafety Act" related ESC research

Major provisions that are directly related to ESC research are outlined below.

3.2.1 The Establishment of National Bioethics Committee and Institutional Review Boards

A National Bioethics Committee, which is responsible to the President, should be established to review the following items concerning bioethics and biosafety in the life sciences and biotechnologies: Policies concerning national bioethics and biosafety; and the type, subject, and extent of research involving left-over embryos and somatic cell nucleus transfer (Art. 6). In addition, research institutions are required to set up their own Institutional Review Boards in order to ensure bioethics and bioethical safety in the life sciences and biotechnologies (Art. 9).

3.2.2 Prohibition on Human Cloning and the Transfer of Embryos between Two Different Species

Article 11 of the BBA prohibits implanting a somatic cell embryo clone into a uterus, maintaining a cloned embryo within a uterus, or giving birth when the pregnancy results from the act of implanting a somatic cell embryo clone into a uterus. Anyone who implants a somatic cell embryo clone into a uterus, maintains a cloned embryo within a uterus, or gives birth when the pregnancy results from the act of implanting a somatic cell embryo clone into a uterus will be sentenced with up to 10 years of imprisonment (Art. 49).

In addition, it is forbidden to implant a human embryo in the uterus of an animal; or to implant an animal embryo into a human uterus (Art. 12). Anyone who implants a human embryo into an animal's uterus or an animal embryo into a human's uterus shall be sentenced with up to 5 years of imprisonment (Art. 50).

3.2.3 Producing Embryos

According to Art. 13, no one shall produce embryos for a purpose other than a pregnancy. Any medical institution that wishes to collect and preserve sperm or oocytes for artificial fertilization or to generate embryos through fertilization must be authorized to do so by the Minister of Health and Welfare and designated as an Embryo Producing Medical Institution (Art. 14). The storage period of embryos should be five years; shorter storage periods are possible when the consenters agree to it (Art. 16).

3.2.4 Research on Remaining Embryos

Remaining Embryos that have passed the storage period outlined in Article 16 may be utilized for the following purposes, but only until the embryological primitive streaks appear in their developmental process: to conduct research aimed at developing contraception and infertility treatments; to conduct research aimed at curing rare or incurable diseases as decreed by the President; to conduct other research approved by the President after being reviewed by the Committee. However, in order to use a remaining embryo that has been stored for less than five years, a new consent, for this new purpose, is required from the consenters (Art. 17).

Any one who wishes to do research on remaining embryos under Article 17 must meet the facility and manpower requirements set by the Ministry of Health and Welfare and be registered with the Ministry as an Embryo Research Institution (Art. 18). When an Embryo Research Institution, registered with the Ministry of Health and Welfare, wishes to do research on embryos, it must submit an Embryo Research Protocol for approval by the Minister of Health and Welfare (Art. 19).

3.2.5 Somatic Cell Embryo Clones

Article 22 of the Act strictly prohibits somatic cell nucleus transfer other than for the purpose of conducting research aimed at curing rare or currently incurable diseases. The type, subject, and extent of allowed research on somatic cell nucleus transfer is decided by the President after review by the Committee. Anyone wishing to produce or research somatic cell embryo clones must register with the Ministry of Health and Welfare and satisfy the Ministry's requirements concerning facilities and personnel (Art. 23).

3.2.6 Interim Measures on Embryo & ESC Research

Until the embryological primitive streaks emerge, remaining embryos may be utilized under any of the following conditions: if the remaining embryos are produced before this Act takes effect; if a period of five years has passed since the remaining embryos were created; or, if a written consent was obtained from the consenters, but the consenter's whereabouts is unknown.

Anyone who is engaged in embryonic stem cell research at the time this Act takes effect may continue his or her research, with the approval of the Minister of Health and Welfare, under either the following conditions: the researcher has been engaged in embryonic stem cell research for at least three years or the researcher has published at least one research paper on embryonic stem cell research in a related academic periodical.

4 Future Aspects Related to Patentability Issues of Human ESC Research

In Korea, more than 60 patent applications related to human ESC inventions were submitted from 2000 to 2005, with some still being in the middle of the examination process.[21] In the actual examination process, Patent Law Article 32 would be a critical basis for determining the patentability of inventions related to human ESC. Even though there is a positive view towards human ESC research because of its potential to save life, Korean tradition rejects financial exploitation of human embryos. The major moral argument regarding the patentability of ESC inventions is related to the destruction of the human embryos themselves. If a human embryo

[21] 'Trends of Biotechnological Patents in Korea', KIPO, 2004.

is considered to be a human being, inventions related to ESC research should be unpatentable under Patent Law Article 32.

However, it is still undecided whether a human embryo is a human being. According to the Korean Supreme Court Decision in 1985[22], the life of a human being starts at pregnancy. In other words, the life of a human being begins when the embryo is implanted in the wall of the uterus. Thus, an embryo itself, which is not imbedded in the uterus, would not be regarded as a human being. Accordingly, human ESC inventions, which are not directly related to human cloning, would be not included in the unpatentable subject matters under Article 32.

In this situation, it would seem very convenient and efficient for the Patent Examiner at the KIPO to rely on the BBA to determine the patentability of ESC inventions. Indeed, any invention, even if it is directly related to human cloning, can be excluded from Article 32 if approved by the BBA. Insofar, due to this direct applicability of the BBA, one may also say that ethical law has a much greater impact on the patentability of human ESC inventions in Korea than in any other country.

In a recent survey[23] regarding ESC research, more than 94 percent of the population in the survey supported providing patent protection for human ESC inventions. This reflects both the expectations and the concerns of the general public regarding the potential of human ESC research. However, steps need to be taken to set up clearer guidelines in the BBA and the PEGBI. Even though somatic cell nucleus transfer is strictly prohibited by the BBA, research aimed at curing rare or currently incurable diseases could still be allowed by the President after it has been reviewed by the National Bioethics Committee. Since the stipulation for the guideline and standard of review process by the Committee has not been provided by the BBA, adverse criticism of the Committee's decision might be possible in special cases. Furthermore, this kind of debate would negatively affect the examination practice of related inventions at the KIPO.

Recently, Congress has approved amending the BBA.[24] The revised BBA involves several issues critical to human ESC research. **The revised BBA contains a number of important amendments, inter alia, new provisions on the establishment, status and work of the mentioned Institutional Review Boards (Art. 10.2), the prohibition of the implantation of a nucleus of human somatic cell into an animal ovum, the nucleus of which has been removed (Art. 12.2), and the registration or use of the established ES cell lines (Art. 20).** Obviously, the amendments in BBA are directed at reinforcing the prohibition of cloning between two species and supervising the utilization human ES cell lines. It is noticeable that anyone who establishes or imports the human ES cell line should register the ES cell lines to the Ministry of Health and Welfare. For transferring the registered cell line to the third person for the purpose of R&D, the review and approval of the Institutional Review Boards (IRB) is required. The registered cell lines should be

---

22 Supreme Court Decision 1985Da1958 (11.6.1985).

23 The survey was conducted with 297 university students in 2005.

24 May of 2008.

strictly used only *in vitro* or outside of the body, and plans for utilizing R&D with the registered ES cell lines should be reported and approved by the Ministry as well as by the IRB.

Even with the direction of the revised BBA pointing towards reinforcing the supervision of human ESC research, the reviewing process of the Committee is still not clear enough. However, it is encouraging that the revised BBA involves the new provisions related to the support of the IRB, including the investigation and the evaluation of the IRB by the Ministry of Health and Welfare, and the education of the IRB members. If the stipulation for the guideline and standard of reviewing process by each IRB is well planned and monitored, the function and the reviewing process of the Committee is expected to be more transparent. Then, it would be possible to set up the legal standard for the patentability of a human ESC invention more clearly and definitely.

Patentierbarkeit der Forschungsergebnisse im Zusammenhang mit human-embryonalen Stammzellen, insbesondere mit dem sog. therapeutischen Klonen – Aspekte des deutschen und europäischen Rechts

*Hans-Georg Dederer**

1 Institutioneller und rechtlicher Rahmen ... 12
1.1 Institutionelles Gefüge ... 12
1.2 Normatives Geflecht ... 14
1.2.1 EG-zentriertes Biopatentrecht ... 14
1.2.2 Normativer Wertehorizont für die Auslegung und Anwendung des Biopatentrechts ... 16
2 Grundlagen des europäischen und deutschen Biopatentrechts für die Patentierbarkeit auf dem Gebiet der human-embryonalen Stammzellforschung und des therapeutischen Klonens ... 18
2.1 Eröffnung des Anwendungsbereichs ... 18
2.2 Geltung der allgemeinen Patentierungsvoraussetzungen ... 19
2.3 Ethisch motivierte Patentierungsausschlüsse ... 21
2.3.1 Vorbemerkungen zum Verhältnis von Ethik und Patentrecht ... 21
2.3.2 Regelungssystematik der ethisch motivierten Patentierungsausschlüsse ... 22
2.3.3 Grundsätze für die Auslegung und Anwendung der ethisch motivierten Patentierungsausschlüsse . 23
3 Patentierbarkeit auf dem Gebiet der human-embryonalen Stammzellforschung ... 30
3.1 Human-embryonale Stammzellen, Stammzellkulturen oder Stammzelllinien als solche ... 30
3.1.1 Vorliegen der allgemeinen Patentierungsvoraussetzungen ... 30
3.1.1.1 „Gewerbliche Anwendbarkeit" ... 30
3.1.1.2 „Neuheit" und „erfinderische Leistung" ... 31
3.1.2 Eingreifen ethisch motivierter Patentierungsausschlüsse ... 32
3.1.2.1 Der „menschliche Körper in den einzelnen Phasen seiner Entstehung und Entwicklung" (Art. 5 Abs. 1 BioPatRL, R. 23e Abs. 1 AO-EPÜ, § 1a Abs. 1 PatG) ... 32
a Totipotente Stammzellen ... 32
b Pluripotente Stammzellen ... 33
3.1.2.2 „Verwendung menschlicher Embryonen zu industriellen oder kommerziellen Zwecken" (Art. 6 Abs. 2 lit. c BioPatRL, R. 23d lit. c AO-EPÜ, § 2 Abs. 2 Satz 1 Nr. 3 PatG) ... 33
a „Verwendung menschlicher Embryonen" bei Erzeugnispatenten auf human-embryonale Stammzellen? ... 33
b Tatbestandsmerkmal „zu industriellen oder kommerziellen Zwecken" ... 42
3.1.2.3 Allgemeiner ordre public- und Sittlichkeitsvorbehalt (Art. 6 Abs. 1 BioPatRL, Art. 53 lit. a EPÜ, § 2 Abs. 1 PatG) ... 47
a Rechtslage für das EPA ... 47
b Rechtslage für das DPMA ... 48
3.1.2.4 Zusammenfassung ... 48
3.2 Verfahren zur Gewinnung human-embryonaler Stammzellen ... 49
3.3 Verfahren unter Verwendung human-embryonaler Stammzellen, daraus hervorgehende Erzeugnisse und deren Verwendungen ... 50
3.3.1 Vorliegen der allgemeinen Patentierungsvoraussetzungen ... 50
3.3.2 Eingreifen ethisch motivierter Patentierungsausschlüsse ... 51
3.3.2.1 „Verwendung menschlicher Embryonen zu industriellen oder kommerziellen Zwecken" (Art. 6 Abs. 2 lit. c BioPatRL, R. 23d lit. c AO-EPÜ, § 2 Abs. 2 Satz 1 Nr. 3 PatG) ... 51
a Europäisches Brüstle-Patent des EPA ... 52
b Deutsches Brüstle Patent des DPMA ... 53

* Dr. jur., o. Professor an der Universität Passau.

J. Straus et al. (eds.), *Patentschutz und Stammzellforschung: Internationale und rechtsvergleichende Aspekte*, MPI Studies on Intellectual Property, Competition and Tax Law 13, DOI 10.1007/978-3-642-02496-2_2, © Springer-Verlag Berlin Heidelberg 2009

3.3.2.2 „Verfahren zur Veränderung der genetischen Identität der Keimbahn des menschlichen Lebewesens“ (Art. 6 Abs. 2 lit. b BioPatRL, R. 23d lit. b AO-EPÜ, § 2 Abs. 2 Satz 1 Nr. 2 PatG) 57
3.3.2.3 Allgemeiner ordre public- und Sittlichkeitsvorbehalt (Art. 6 Abs. 1 BioPatRL, Art. 53 lit. a EPÜ, § 2 Abs. 1 PatG) 58
4 Therapeutisches Klonen 58
4.1 Verfahren des therapeutischen Klonens 58
4.1.1 „Verfahren zum Klonen von menschlichen Lebewesen“ (Art. 6 Abs. 2 lit. a BioPatRL, R. 28 lit. a AO, § 2 Abs. 2 Satz 1 Nr. 1 PatG) 58
4.1.1.1 Erstreckung des Ausschlusstatbestands auf den Zellkerntransfer 58
4.1.1.2 Erstreckung des Ausschlusstatbestands auf das therapeutische Klonen? 58
a Haltung des EPA 59
b Grammatikalische, systematische und teleologische Auslegung 59
c Entstehungsgeschichtliche Auslegung 60
d Auf reproduktives Klonen beschränkter gemeineuropäischer Konsens 60
e Zusammenfassung 62
4.1.2 Allgemeiner ordre public- und Sittlichkeitsvorbehalt (Art. 6 Abs. 1 BioPatRL, Art. 53 lit. a EPÜ, § 2 Abs. 1 PatG) 62
4.2 „Therapeutischer Klon“ als solcher 63
5 Schlussbemerkung 63

1 Institutioneller und rechtlicher Rahmen

Der institutionelle und rechtliche Rahmen Europas für die Patentierung biotechnologischer Erfindungen – und damit auch der Erfindungen auf dem Gebiet der human-embryonalen Stammzellforschung und des therapeutischen Klonens – ist recht komplex.

1.1 Institutionelles Gefüge

Denn Akteure auf dem Feld der Patentierung biotechnologischer Erfindungen sind neben den einzelnen Staaten zwei internationale Organisationen[1]: die Europäische Patentorganisation (EPO) und die Europäische Gemeinschaft (EG)[2]. Dabei sind alle EG-Mitgliedstaaten zugleich Mitglieder der EPO[3]. Der Mitgliederkreis der EPO umfasst freilich noch weitere europäische Staaten außerhalb der EG (namentlich

---

[1] Hinzukommen könnte noch eine dritte internationale Organisation: die Europäische Patentgerichtsbarkeit (EPG), die von Vertragsstaaten des Europäischen Patentübereinkommens (EPÜ) als zentralisiertes, fakultatives Streitregelungssystem (mit einem Gericht erster Instanz und einem Berufungsgericht) für vom Europäischen Patentamt (EPA) erteilte Patente gegründet werden soll.

[2] Soweit diesen beiden internationalen Organisationen Hoheitsrechte übertragen worden sind, stellen die EPO und die EG zugleich supranationale Organisationen dar. Zur Supranationalität der EPO siehe RANDELZHOFER in: MAUNZ/DÜRIG, „Grundgesetz“, Art. 24 Abs. I, Rn. 188 ff.; zur Supranationalität der EG etwa HERDEGEN, „Europarecht“, 10. Aufl., 2008, § 6, Rn. 8 ff.

[3] Zur darüber hinausgehenden Verknüpfung der beiden Organisationen siehe unten in und bei Fn. 28 bis 33 sowie 108.

Island, Kroatien, Liechtenstein, Mazedonien, Monaco, Norwegen und die Schweiz) sowie die Türkei.

Im Gegensatz zur EG verfügt die EPO über eine eigene Behörde, die spezifisch zur Erteilung von (Bio-)Patenten befugt ist: das Europäische Patentamt (EPA). Ein vom EPA erteiltes sog. „europäisches Patent“ (vgl. Art. 2 Abs. 1 EPÜ) stellt gleichsam (nur) ein „Bündel“ nationaler Patente in denjenigen EPO-Staaten dar, für welche das europäische Patent erteilt worden ist (vgl. Art. 2 Abs. 2, 64 Abs. 1 EPÜ). Der Patentanmelder kann den geografischen Geltungsbereich eines europäischen Patents dementsprechend selbst bestimmen. Zusätzlich besteht für Patentanmelder die Möglichkeit, den Schutz europäischer Patente auf Staaten zu erstrecken, die derzeit nicht Mitglieder der EPO sind (sog. „Erstreckungsstaaten“)[4].

Bei der Erteilung von (Bio-)Patenten konkurriert das EPA allerdings mit den nationalen Patentämtern, z.B. mit dem Deutschen Patent- und Markenamt (DPMA). Dieses Konkurrenzverhältnis ist gerade auf dem Gebiet der human-embryonalen Stammzellforschung und des therapeutischen Klonens bedeutsam. Denn das EPA hat sich bislang zu Patentanmeldungen, die human-embryonale Stammzellen betreffen, tendenziell ablehnend verhalten[5]. Das hindert (zumal vor dem EPA erfolglose) Anmelder nicht daran, ein entsprechendes Patent jeweils bei einzelnen nationalen Patentämtern zu beantragen[6]. Tatsächlich verfolgen einige nationale Patentämter, z.B. Großbritanniens[7] oder Schwedens[8], im Fall von human-embryonale Stammzellen betreffenden Erfindungen eine „liberalere“ Patentierungspraxis als das EPA[9].

---

4 Eine solche Schutzerstreckung ist gegenwärtig für Albanien, Bosnien-Herzegowina und Serbien möglich, die mit der EPO entsprechende Erstreckungsabkommen abgeschlossen haben.

5 Siehe hierzu auch VOGEL, „Stem Cell Claims Face Legal Hurdles”, Science Bd. 305 (2004), 1887.

6 PLOMER et al., „Stem Cell Patents: European Patent Law and Ethics Report“, 2006, 13 (http://www.nottingham.ac.uk/law/StemCellProject/reports.htm); PORTER et al., „The patentability of human embroynic stem cells in Europe“, Nature Biotechnology Bd. 24 (2006), 653 ff. (654); WEBBER, „Embryonic Cell Patenting“, BSLR Bd. 3 (2003/2004), 87 ff. (96); siehe auch CRESPI, „Embryonic Stem Cell Technology: A Crisis Point for European Patent Law? “, BSLR Bd. 3 (2005/2006), 113 ff. (117).

7 Dazu in diesem Band SPRANGER, S. 98 ff.

8 Hierzu PLOMER et al. (o. Fn. 6), 31.

9 Zur Praxis des DPMA siehe unten unter 3.3.2.1 b) (in und bei Fn. 231 bis 232). PLOMER et al. (o. Fn. 6), 30 und *passim*, ziehen als Beleg für eine entsprechend „liberale“ Patentierungspraxis des DPMA allein das „Axiogenesis-Patent“ DE 101 367 02 B4 heran. Dieses betrifft zwar zunächst nur (modifizierte) „nicht menschliche“ embryonale Stammzellen (Patentanspruch Nr. 1; siehe auch Abs.-Nr. 0009 der Patentschrift). Allerdings umfasst das Patent im Folgenden in der Tat auch (entsprechend modifizierte) „Säugetierzellen“ (Patentanspruch Nr. 2), die „menschlichen Ursprungs“ sein können (Patentanspruch Nr. 3; siehe auch Abs.-Nr. 0025 der Patentschrift).

1.2 Normatives Geflecht

1.2.1 EG-zentriertes Biopatentrecht

Die Regelungen, die in Europa für die Erteilung von Patenten auf biotechnologische Erfindungen gelten, werden vom Recht der EG dominiert. Von zentraler Bedeutung ist nämlich die Biopatentrichtlinie 98/44/EG (BioPatRL)[10] der EG.

Allerdings verlief der Prozess der Umsetzung der Biopatentrichtlinie in den EG-Mitgliedstaaten vergleichsweise schleppend[11]. Den Hintergrund für die zögerliche Implementierung der Biopatentrichtlinie bildeten vor allem auch bioethische, zur Ablehnung der Patentierung biotechnologischer Erfindungen (generell oder zumindest speziell im Humanbereich) neigende Kontroversen in den EG-Mitgliedstaaten. So sah sich die Europäische Kommission veranlasst, gegen insgesamt zehn EG-Mitgliedstaaten (Belgien, Deutschland, Frankreich, Italien, Lettland, Litauen, Luxemburg, die Niederlande, Österreich und Schweden) Vertragsverletzungsverfahren einzuleiten[12]. In der Folge wurden Belgien[13], Deutschland[14], Frankreich[15], Italien[16], Luxemburg[17] und Österreich[18] vom EuGH wegen Nicht-, nicht fristgemäßer oder mangelhafter Umsetzung verurteilt.

Umgekehrt blieb eine von den Niederlanden (mit Unterstützung Italiens und des EWR-Staates Norwegen) initiierte Nichtigkeitsklage gegen die Biopatentrichtlinie vor dem EuGH erfolglos[19]. Gestützt wurde die Klage unter anderem auf eine Verletzung der Menschenwürde und des Selbstbestimmungsrechts. Nach Auffassung des EuGH habe die Richtlinie jedoch über ihre – gerade auch im vorliegenden Zusammenhang relevanten – ethisch motivierten Patentierungsausschlüsse (vgl. Art. 5 Abs. 1 und Art. 6 i.V. mit Erwägungsgrund 20, 21 und 38 BioPatRL) „das Patentrecht in Bezug auf lebende Materie menschlichen Ursprungs so streng [ge]fasst, dass der menschliche Körper tatsächlich unverfügbar und unveräußerlich bleibt und somit die Menschenwürde gewahrt wird“[20]. Das Selbstbestimmungsrecht sah der

---

[10] Richtlinie 98/44/EG des Europäischen Parlaments und des Rates vom 6. Juli 1998 über den rechtlichen Schutz biotechnologischer Erfindungen (ABl. Nr. L 213 vom 30.7.1998, 13). Zur Entstehungsgeschichte eingehend PLOMER et al. (o. Fn. 6), 17 ff.

[11] Näher KOMMISSION DER EUROPÄISCHEN GEMEINSCHAFTEN, „Bericht der Kommission an das Europäische Parlament und den Rat – Entwicklung und Auswirkungen des Patentrechts im Bereich der Biotechnologie und der Gentechnik“, KOM(2002), 545 endg., 6 f.; *dies.*, „Bericht der Kommission an den Rat und das Europäische Parlament – Entwicklung und Auswirkungen des Patentrechts im Bereich der Biotechnologie und der Gentechnik“ (SEK[2005] 943), KOM(2005), 312 endg., 2.

[12] Vgl. KOMMISSION DER EUROPÄISCHEN GEMEINSCHAFTEN, KOM (2005), 312 endg. (o. Fn. 11), 2, und Pressemitteilung IP/03/991 vom 10. Juli 2003.

[13] EuGH, Rs. C-454/03 (siehe ABl. EU Nr. C 262 vom 31.10.2004, 11).

[14] EuGH, Rs. C-5/04 (siehe ABl. EU Nr. C 6 vom 8.1.2005, 18).

[15] EuGH, Rs. C-448/03 (siehe ABl. EU Nr. C 217 vom 28.8.2004, 10).

[16] EuGH, Rs. C-456/03, Slg. 2005, I-5335.

[17] EuGH, Rs. C-450/03 (siehe ABl. EU Nr. C 262 vom 31.10.2004, 11).

[18] EuGH, Rs. C-4/04 (siehe ABl. EU Nr. C 6 vom 8.1.2005, 18).

[19] EuGH, Rs. C-377/98, Slg. 2001, I-7079.

[20] EuGH, Rs. C-377/98, Slg. 2001, I-7079, Rn. 77.

EuGH schon als nicht durch die Biopatentrichtlinie betroffen an. Denn „die Achtung bestimmter ethischer Normen ..., zu denen auch das Recht des Menschen gehört, durch Zustimmung in voller Kenntnis der Sachlage über sich selbst zu verfügen", werde durch Rechtsvorschriften garantiert[21], welche die Biopatentrichtlinie (vgl. Erwägungsgrund 14 BioPatRL) unberührt lasse[22].

Mittlerweile ist die Biopatentrichtlinie von allen EG-Mitgliedstaaten in das jeweilige nationale (Patent-)Recht umgesetzt worden[23], in Deutschland durch Anpassung des deutschen Patentgesetzes (PatG)[24] an die Vorschriften der Biopatentrichtlinie[25].

Außer den EG-Mitgliedstaaten haben weitere europäische Staaten außerhalb der EG ihr nationales Patentrecht an die Biopatentrichtlinie angeglichen, namentlich der EG-Beitrittskandidat Kroatien und die EWR[26]-Staaten Island und Norwegen. Geplant ist die Umsetzung der Biopatentrichtlinie in nationales (Patent-)Recht in der Türkei, die gleichfalls zum Kreis der EG-Beitrittskandidaten zählt, sowie in der Schweiz, die weder EG- noch EWR-Mitglied ist[27].

Die zentrale Stellung der Biopatentrichtlinie in Europa verdeutlicht aber nicht zuletzt der Umstand, dass die EPO die Vorschriften der Biopatentrichtlinie über die Patentierbarkeit biotechnologischer Erfindungen (vgl. Art. 2 bis 6 BioPatRL) im wesentlichen wörtlich in die Ausführungsordnung (AO-EPÜ)[28] zum Europäischen Patentübereinkommen (EPÜ)[29] übernommen hat[30]. Die Ausführungsordnung zum EPÜ ist Bestandteil des EPÜ (Art. 164 Abs. 1 EPÜ) und damit für das EPA bei der Erteilung von (Bio-)Patenten unmittelbar rechtlich verbindlich. Im Fall eines

---

21 Etwa in Deutschland in „Regelungen im Gesundheitsrecht, im Strafrecht und im Datenschutzrecht" (BT-Drs. 15/1709, 8), die allerdings der deutsche *Nationale Ethikrat* für nicht hinreichend hält (näher NATIONALER ETHIKRAT, Zur Patentierung biotechnologischer Erfindungen unter Verwendung biologischen Materials menschlichen Ursprungs, 2004, 35 f.; zumindest in der Tendenz wohl ähnlich „Opinion of the European Group on Ethics in Science and New Technologies to the Commission" No. 16, 7. Mai 2002: Ethical Aspects of Patenting Inventions Involving Human Stem Cells, 17).

22 EuGH, Rs. C-377/98, Slg. 2001, I-7079, Rn. 80.

23 Stand: 1. Mai 2009; siehe COMMISSION OF THE EUROPEAN COMMUNITIES, „State of Play of the Implementation of Directive 98/44/EC" (http://ec.europa.eu/internal_market/indprop/docs/invent/state-of-play_en.pdf).

24 Patentgesetz vom 5. Mai 1936 (RGBl. II 1936, 117); neu gefasst durch Bekanntmachung vom 16.12.1980 (BGBl. I 1981, 1); zuletzt geändert durch Gesetz vom 7. Juli 2008 (BGBl. I 2008, 1191).

25 Art. 1 Gesetz zur Umsetzung der Richtlinie über den Schutz biotechnologischer Erfindungen vom 21. Januar 2005 (BGBl. I 2005, 146).

26 Europäischer Wirtschaftsraum.

27 Siehe COMMISSION OF THE EUROPEAN COMMUNITIES (o. Fn. 23).

28 Ausführungsordnung zum Übereinkommen über die Erteilung europäischer Patente vom 5. Oktober 1973 (zuletzt geändert durch Verwaltungsratsbeschluss vom 9. Dezember 2004).

29 Übereinkommen über die Erteilung europäischer Patente vom 5. Oktober 1973 (zuletzt geändert durch Verwaltungsratsbeschluss vom 27. Oktober 2005). Eine revidierte Fassung des EPÜ (EPÜ rev. F.) ist am 13. Dezember 2007 in Kraft getreten.

30 Beschluss des Verwaltungsrats vom 16. Juni 1999 zur Änderung der Ausführungsordnung zum Europäischen Patentübereinkommen (ABl. EPA 1999, 437).

Widerspruchs zwischen EPÜ und AO-EPÜ gehen die Vorschriften des EPÜ den Bestimmungen der AO-EPÜ freilich vor (Art. 164 Abs. 2 EPÜ)[31].

Dabei bestand für die EPO selbstverständlich keine förmliche Verpflichtung zur Anpassung des EPÜ bzw. der AO an die EG-Biopatentrichtlinie. Indes sah der EPO-Verwaltungsrat die Notwendigkeit der Umsetzung der Biopatentrichtlinie im „Gebot, die Einheitlichkeit des harmonisierten europäischen Patentrechts zu wahren“[32]. Gewollt war deshalb eine „richtlinienkonforme Konkretisierung und Auslegung der geltenden Bestimmungen des [EPÜ]“[33]. Darüber hinaus wird in R. 26 Abs. 1 Satz 2 AO-EPÜ angeordnet, dass für die Auslegung und Anwendung der für die Patentierung biotechnologischer Erfindungen maßgeblichen Vorschriften des EPÜ wie der AO-EPÜ die Biopatentrichtlinie der EG „ergänzend heranzuziehen“ ist.

Im Ergebnis hat danach die EG-Biopatentrichtlinie die Vorschriften über die Patentierbarkeit biotechnologischer Erfindungen in Europa praktisch harmonisiert. Freilich lassen sich die Vorschriften der Richtlinie ihrerseits weitgehend auf die frühere Spruchpraxis der Beschwerdekammern des EPA zurückführen[34].

1.2.2 Normativer Wertehorizont für die Auslegung und Anwendung des Biopatentrechts

Der europäische und deutsche Rechtsrahmen für die Patentierung biotechnologischer Erfindungen ist damit aber immer noch nicht vollständig beschrieben. Die Biopatentrichtlinie normiert nämlich ethisch motivierte Patentierungsausschlüsse mit Hilfe unbestimmter Rechtsbegriffe, wie „öffentliche Ordnung“ und „gute Sitten“ (Art. 6 Abs. 1 BioPatRL; ebenso schon Art. 53 *lit.* a EPÜ, § 2 Abs. 1 PatG), oder anhand von Termini, wie „Klonen“ oder „menschliches Lebewesen“ (Art. 6 Abs. 2 *lit.* a und c BioPatRL; ebenso R. 26 *lit.* a und c AO-EPÜ; § 2 Abs. 2 Satz 1 Nr. 1 und 3 PatG), die sich nicht schlicht unter Rekurs auf naturwissenschaftliche Erkenntnis erschließen lassen.

Der Zugang zu diesen Begriffen erfordert vielmehr eine kontextgesteuerte Interpretation im Lichte bioethikrechtlicher Rechtsetzung auf nationaler und EG-Ebene, verfassungsrechtlicher und gemeinschaftsrechtlicher Grundsatzentscheidungen („Werte“) sowie völkerrechtlicher Vertragswerke. Damit ist die Auslegung und Anwendung des europäischen und deutschen Biopatentrechts in einen Kosmos komplex vernetzter Normenwerke gestellt.

So fordert das deutsche Patentgesetz einen Gleichklang bestimmter ethisch motivierter Patentierungsausschlüsse mit dem Embryonenschutzgesetz (ESchG)[35]

---

[31] Zu einer solchen Konstellation im vorliegenden Zusammenhang mit der Patentierung auf dem Gebiet der human-embryonalen Stammzellforschung STRAUS, Zur Patentierbarkeit von embryonalen Stammellen nach europäischem Recht, Jahrbuch für Wissenschaft und Ethik Bd. 9 (2004), 111 ff. (126 f.).

[32] Mitteilung vom 1. Juli über die Änderung der Ausführungsordnung zum Europäischen Patentübereinkommen, Ziff. 3 (ABl. EPA 1999, 573).

[33] Mitteilung (o. Fn. 32), Ziff. 9.

[34] So Mitteilung (o. Fn. 32), Ziff. 8.

[35] Gesetz zum Schutz von Embryonen vom 13. Dezember 1990 (BGBl. I 1990, 2746), geändert durch Gesetz vom 23. Oktober 2001 (BGBl. I 2001, 2702).

(§ 2 Abs. 2 Satz 2 PatG). Daneben können auch die im Stammzellgesetz (StZG)[36] zum Ausdruck kommenden bioethischen Wertungen im Wege systematischer Auslegung beachtlich werden. Darüber hinaus strahlen die Grundrechtsgarantien des Grundgesetzes[37] auf das deutsche Biopatentrecht aus[38]. Einschlägig sind vor allem die Garantie der Würde des Menschen (Art. 1 Abs. 1 Satz 1 GG) und das Recht auf Leben und körperliche Unversehrtheit (Art. 2 Abs. 2 Satz 1 GG), aber auch die Wissenschaftsfreiheit (Art. 5 Abs. 3 Satz 1 GG) und die Berufsfreiheit (Art. 12 Abs. 1 GG).

Den bioethischen Konsens innerhalb der EG spiegeln die in der EG richterrechtlich[39] gewährleisteten sowie die in der Charta der Grundrechte der Europäischen Union[40] (allerdings nur rechtlich unverbindlich[41]) niedergelegten Gemeinschaftsgrundrechte. Dabei binden die EG-Grundrechte nicht nur die Organe der EG, z.B. den Gemeinschaftsgesetzgeber, sondern auch die Organe der Mitgliedstaaten, z.B. den nationalen Gesetzgeber und die nationalen Patentämter und (Patent-)Gerichte, soweit sie sich „im Anwendungsbereich des Gemeinschaftsrechts" bewegen[42], also etwa bei Erlass und Vollzug der nationalen Umsetzungsbestimmungen zur Biopatentrichtlinie. Ferner muss das nationale Patentrecht so ausgelegt und angewendet werden, dass es mit der (gegebenenfalls zuvor in Konformität mit den Gemeinschaftsgrundrechten interpretierten) Biopatentrichtlinie übereinstimmt[43].

Die (gesamt-)europäische Wertordnung wiederum empfängt ihre Impulse (auch) aus der Europäischen Menschenrechtskonvention (EMRK)[44] in ihrer Auslegung durch den Europäischen Gerichtshof für Menschenrechte (EGMR). Dabei bilden die EMRK und die sie konkretisierende Rechtsprechung des EGMR die maßgeblichen Rechterkenntnisquellen für die Fortentwicklung des Grundrechtsstandards in

---

36 Gesetz zur Sicherstellung des Embryonenschutzes im Zusammenhang mit Einfuhr und Verwendung menschlicher embryonaler Stammzellen vom 28. Juni 2003 (BGBl. I 2002, 2277); zuletzt geändert durch Gestz vom 14. August 2008 (BGBl. I 2008, 1708).

37 Grundgesetz für die Bundesrepublik Deutschland vom 23. Mai 1949 (BGBl. 1949, 1), zuletzt geändert durch Gesetz vom 19. März 2009 (BGBl. 2009, 606).

38 Zur Ausstrahlungswirkung der Grundrechte auf alle Bereich des Rechts grundlegend BVerfGE 7, 198 (205 ff.). Zur Bedeutung der EMRK für die Auslegung der deutschen Grundrechte siehe unten in und bei Fn. 47; zur parallelen Bindung deutscher Staatsgewalt an Gemeinschaftsgrundrechte unten in und bei Fn. 42.

39 Grundlegend EuGH, Rs. 26/69, Slg. 1969, 419, Rn. 7.

40 ABl. Nr. C 364 vom 18.12.2000, 1.

41 Gleichwohl rekurrieren mittlerweile nicht mehr „nur" die Generalanwälte (z.B. GA ALBER, Schlussanträge v. 1.2.2001 zu EuGH, Rs. C-340/99, Slg. 2001, I-4109, Rn. 94) und das Gericht erster Instanz (z.B. EuG, Rs. T-439/04, Rn. 21), sondern auch der EuGH (erstmals in Rs. C-540/03, NVwZ 2006, 1033, Rn. 38, 58) explizit auf die EU-Grundrechtecharta als Rechtserkenntnisquelle (für „Rechtsnormen, anhand deren die Rechtmäßigkeit [einer] Richtlinie überprüft werden kann" [Überschrift vor Rn. 30]).

42 Vgl. EuGH, Rs. C-260/89, Slg. 1991, I-2925, Rn. 42.

43 Allgemein und grundlegend zum Gebot richtlinienkonformer Auslegung EuGH, Rs. 14/83, Slg. 1984, 1891, Rn. 26.

44 Konvention zum Schutze der Menschenrechte und Grundfreiheiten vom 4. November 1950 (CETS No. 005).

der EU (vgl. Art. 6 Abs. 2 EU)[45]. Ferner ist die EMRK in ihrer Konkretisierung durch die EGMR-Rechtsprechung nicht nur (in Deutschland) innerstaatlich im Rang eines Bundesgesetzes bindend[46], sondern auch „als Auslegungshilfe[...] für die Bestimmung von Inhalt und Reichweite von Grundrechten und rechtsstaatlichen Grundsätzen des Grundgesetzes" heranzuziehen[47].

Erkenntnis leitend sind darüber hinaus die Biomedizinkonvention[48] und das zugehörige Klonprotokoll[49] des Europarats. Von der globalen Ebene her nehmen schließlich das TRIPS-Übereinkommen[50] sowie einige „soft law"-Instrumente[51] Einfluss auf das europäische und deutsche Biopatentrecht.

2 Grundlagen des europäischen und deutschen Biopatentrechts für die Patentierbarkeit auf dem Gebiet der human-embryonalen Stammzellforschung und des therapeutischen Klonens

2.1 Eröffnung des Anwendungsbereichs

Das deutsche wie auch das europäische Biopatentrecht regeln nicht ausdrücklich die Patentierung speziell auf dem Gebiet der human-embryonalen Stammzellforschung und des therapeutischen Klonens. Tatsächlich könnte sogar bezweifelt werden, ob der Gemeinschaftsgesetzgeber bei der Verabschiedung der EG-Biopatentrichtlinie im Juli des Jahres 1998 den Bereich der human-embryonalen Stammzellforschung überhaupt im Blick gehabt hatte[52]. Denn die Nachricht von der erstmals erfolgreichen Gewinnung human-embryonaler Stammzelllinien datiert gerade erst aus dem

---

45 Grundlegend EuGH, Rs. 4/73, Slg. 1974, 491, Rn. 13.

46 BVerfGE 111, 307 (325 f.).

47 BVerfGE 74, 358 (370).

48 Übereinkommen zum Schutz der Menschenrechte und der Menschenwürde im Hinblick auf die Anwendung von Biologie und Medizin: Übereinkommen über Menschenrechte und Biomedizin vom 4. April 1997 (CETS No. 164).

49 Zusatzprotokoll zum Übereinkommen zum Schutz der Menschenrechte und der Menschenwürde im Hinblick auf die Anwendung von Biologie und Medizin über das Verbot des Klonens von menschlichen Lebewesen vom 12. Januar 1998 (CETS No. 168).

50 Übereinkommen über handelsbezogene Aspekte des geistigen Eigentums vom 15. April 1994 (BGBl. II 1994, 1730).

51 UNESCO Universal Declaration on the Human Genome and Human Rights vom 11. November 1997; UN Declaration on Human Cloning, UN Doc. A/Res/59/280.

52 Siehe EPA-Beschwerdekammer, T-1374/04, Rn. 49 f. der Gründe; ferner BÜHLER in: BÜHLER/CALAME, „Besonderheiten von biotechnologischen und computerimplementierten Erfindungen", in: VON BÜREN/DAVID (Hrsg.), „Patentrecht und Know-how, unter Einschluss von Gentechnik, Software und Sortenschutz", 2006 („Schweizerisches Immaterialgüter- und Wettbewerbsrecht"; Bd. 4), 503 ff. (579); CASTELLANET, „La mise en œuvre de la directive sur la protection des inventions biotchnologiques", Revue du Marché commun et de l'Union européenne, 2006, 320 ff. (322); CRESPI (o. Fn. 6), 117; LAURIE, „Patenting Stem Cells of Human Origin", E.I.P.R. 2004, 59 ff. (59); PORTER et al. (o. Fn. 6), 653; WEBBER (o. Fn. 6), 90.

Jahr 1998, genauer vom 6. November 1998[53]. Dagegen war die Möglichkeit des therapeutischen Klonens vermittels der Methode des Zellkerntransfers bereits allgemein bekannt, nachdem das Schaf „Dolly" mit Hilfe dieses Verfahrens im Jahr 1996 geboren, mithin (reproduktiv) geklont worden war[54]. Aus diesen tatsächlichen Umständen der Genese der Biopatentrichtlinie vermag indes nichts für oder gegen die Patentierbarkeit von Forschungsergebnissen auf dem Gebiet der human-embryonalen Stammzellforschung oder des therapeutischen Klonens gefolgert zu werden[55].

Denn tatsächlich gilt das deutsche und europäische Biopatentrecht ganz allgemein (und damit zukunftsoffen) für alle Arten von biotechnologischen Erfindungen (Art. 1 Abs. 1 Satz 1 BioPatRL, R. 26 Abs. 1 Satz 1 AO-EPÜ), d.h. für alle Erfindungen, deren Gegenstand ein Erzeugnis bildet, das aus biologischem Material besteht oder solches enthält, oder deren Gegenstand ein Verfahren ist, mit dem biologisches Material hergestellt, bearbeitet oder verwendet wird (Art. 3 Abs. 1 BioPatRL, R. 26 Abs. 2 AO-EPÜ, § 1 Abs. 2 Satz 1 PatG). Von zentraler Bedeutung für die Eröffnung des Anwendungsbereichs des deutschen und europäischen Biopatentrechts ist damit der Begriff des „biologischen Materials". „Biologisches Material" wird dabei legal definiert als „Material, das genetische Informationen enthält und sich selbst reproduzieren oder in einem biologischen System reproduziert werden kann" (Art. 2 Abs. 1 *lit.* a BioPatRL, R. 26 Abs. 3 AO-EPÜ, § 2a Abs. 3 PatG).

Zellen, zumal human-embryonale Stammzellen (und ebenso z.B. gentechnisch veränderte Stammzellen oder aus Stammzellen abgeleitete Vorläuferzellen), aber auch Embryonen, wie z.B. der aus einem Zellkerntransfer hervorgegangene „therapeutische Klon", stellen danach Erzeugnisse dar, die „biologisches Material" im Sinne des deutschen und europäischen Biopatentrechts sind bzw. enthalten. Damit ist der Anwendungsbereich des deutschen bzw. europäischen Biopatentrechts auch für Erfindungen auf dem Gebiet der human-embryonalen Stammzellforschung und des therapeutischen Klonens eröffnet. Im Weiteren kommt es dann auf das Vorliegen der allgemeinen Patentierungsvoraussetzungen und das (Nicht-)Eingreifen ethisch motivierter Patentierungsausschlüsse an.

2.2 Geltung der allgemeinen Patentierungsvoraussetzungen

Für die Patentierbarkeit auf dem Gebiet der human-embryonalen Stammzellforschung und des therapeutischen Klonens gelten zunächst die allgemeinen, d.h. für jede Erfindung gleichermaßen gültigen Patentierungsvoraussetzungen: Auch im Bereich der Biotechnologie kann danach nur (1) eine Erfindung, die (2) neu ist, (3) auf erfinderischer Tätigkeit beruht und (4) gewerblich anwendbar ist, patentiert werden. Diese allgemeinen, auch international gültigen vier Voraussetzungen der

[53] THOMSON et al., „Embryonic Stem Cell Lines Derived from Human Blastocysts", Science Bd. 282 (1998), 1145 ff.

[54] WILMUT et al., „Viable offspring derived from fetal and adult mammalian cells", Nature Bd. 385 (1997), 810 ff.; siehe schon zuvor CAMPBELL et al., „Sheep cloned by nuclear transfer from a cultured cell line", Nature Bd. 380 (1996), 64 ff.

[55] Zutreffend EPA-Beschwerdekammer, T-1374/04, Rn. 50 f. der Gründe.

Patentierbarkeit (vgl. Art. 27 Abs. 1 Satz 1 TRIPS) finden sich seit jeher im EPÜ (Art. 52 Abs. 1 EPÜ) wie im deutschen Patentgesetz (§ 1 Abs. 1 PatG) und wurden von der EG-Biopatentrichtlinie insofern nur deklaratorisch speziell für den Bereich biotechnologischer Erfindungen ausdrücklich übernommen (Art. 3 Abs. 1 BioPatRL).

Dabei kann die biotechnologische Erfindung ein Erzeugnis (Produkt) oder ein Verfahren zum Gegenstand haben (Art. 3 Abs. 1 BioPatRL, § 1 Abs. 2 Satz 1 PatG). Im Bereich der human-embryonalen Stammzellforschung und des therapeutischen Klonens kommt damit die Patentierung folgender Erzeugnisse in Betracht[56]: Stammzellen bzw. Stammzelllinien oder -kulturen, gentechnisch veränderte Stammzellen bzw. Stammzelllinien oder -kulturen, (durch erste Differenzierung von Stammzellen erzeugte) Vorläuferzellen, durch Zellkerntransfer hergestellte Embryonen bzw. Entwicklungsstadien von Embryonen (z.B. die für die Gewinnung von Stammzellen vorgesehene Blastozyste). Insofern ist die Patentierbarkeit speziell auf dem Gebiet der human-embryonalen Stammzellforschung auch nicht von vornherein dadurch ausgeschlossen, dass human-embryonale Stammzellen (oder z.B. Vorläuferzellen) oder etwa Embryonen als solche schon immer in der Natur vorhanden waren. Sofern sie mit Hilfe eines technischen Verfahrens aus ihrer natürlichen Umgebung isoliert oder z.B. *in vitro* hergestellt werden, bilden diese Zellen oder mehrzelligen Entitäten nämlich nicht bloß den Gegenstand einer (nicht patentierbaren) Entdeckung (vgl. § 1 Abs. 3 Nr. 1 PatG), sondern bereits den Gegenstand einer Erfindung (vgl. Art. 3 Abs. 2, 5 Abs. 2 i.V. mit Erwägungsgrund 13, 16, 20, 21 und 34 BioPatRL, R. 27 *lit.* a, R. 29 Abs. 2 AO-EPÜ, §§ 1 Abs. 2 Satz 2, 1a Abs. 2 PatG).

Für Verfahrenspatente könnten sich im Bereich der human-embryonalen Stammzellforschung und des therapeutischen Klonens die folgenden Verfahren qualifizieren[57]: Isolierung von Stammzellen aus Embryonen, Selektion von Stammzellen aus Zellmischungen, Kultivierung von Stammzellen, gentechnische Veränderung von Stammzellen, Differenzierung von Stammzellen, Erzeugung von Embryonen mit der Methode des Zellkerntransfers, Erzeugung nicht entwicklungsfähiger bzw. nicht totipotenter Embryonen oder Reprogrammierung adulter Stammzellen oder somatischer Zellen (z.B. in das Stadium der Pluripotenz).

Schließlich können auch Verwendungen (als Verfahren) patentiert werden, etwa die Verwendung von gentechnisch veränderten Stammzellen oder von Vorläuferzellen in (z.B. Gentransfer- oder Transplantations-)Therapien.

Freilich haben sich weniger die allgemeinen Patentierungsvoraussetzungen, als vielmehr gewisse ethisch motivierte Ausschlüsse von der Patentierbarkeit als die eigentlichen Hürden für Anträge auf Patentierung von Erfindungen auf dem Gebiet

---

[56] Vgl. „Opinion of the European Group on Ethics“ (o. Fn. 21), 11; ferner z.B. MÜLLER, „Stammzellen im deutschen und europäischen Patentrecht“, Jahrbuch für Wissenschaft und Ethik Bd. 9 (2004), 295 ff. (300); TREICHEL, „Die Patentierbarkeit von humanen Stammzellen nach europäischem Patentrecht“, Jahrbuch für Wissenschaft und Ethik Bd. 9 (2004), 279 ff. (282); WEBBER (o. Fn. 6), 90.

[57] Vgl. „Opinion of the European Group on Ethics“ (o. Fn. 21), 10 f.; MÜLLER (o. Fn. 56), 302; TREICHEL (o. Fn. 56), 282; WEBBER (o. Fn. 6), 90.

der human-embryonalen Stammzellforschung und des therapeutischen Klonens erwiesen.

2.3 Ethisch motivierte Patentierungsausschlüsse

2.3.1 Vorbemerkungen zum Verhältnis von Ethik und Patentrecht

Über die Frage, ob die Ethik *per se* einen Fremdkörper im Patentrecht darstellt, vermag trefflich gestritten zu werden[58]. Tatsächlich liegen Sinn und Zweck gewisser Regelungen des Patentrechts zumindest in ethischen Erwägungen begründet[59]. Ein Beispiel bildet etwa der Ausschluss chirurgischer, therapeutischer oder diagnostischer Verfahren von der Patentierbarkeit (vgl. Art. 27 Abs. 3 *lit.* b TRIPS, Art. 53 *lit.* c EPÜ rev. F.§ 5 Abs. 2 Satz 1 PatG, vgl. auch Erwägungsgrund 35 BioPatRL)[60].

Ein direkter Verweisungszusammenhang zwischen Ethik und Patentrecht wird im ethisch motivierten Patentierungsausschluss aus Gründen der „guten Sitten" normiert (Art. 27 Abs. 2 TRIPS, Art. 6 Abs. 1 BioPatRL, Art. 53 *lit.* a EPÜ, § 2 Abs. 1 PatG). In diesem tradierten Sittlichkeitsvorbehalt manifestiert sich zugleich das spezifische Spannungsverhältnis zwischen Ethik und Patentrecht. Denn ein Patent stellt nur ein Ausschließungsrecht dar, d.h. es berechtigt den Patentinhaber lediglich („negativ"), andere von der gewerblichen Verwendung[61] der Erfindung auszuschließen, nicht aber („positiv"), die Erfindung ohne weitere normative, im Recht oder in der (ethisch reflektierten) Moral begründete Beschränkungen zu verwenden (vgl. § 9 Satz 1 PatG, Erwägungsgrund 14 BioPatRL). Das Patent befreit seinen Inhaber also nicht von all jenen Rechtsvorschriften und moralischen Normen, welche der Verwendung der patentierten Erfindung entgegenstehen könnten.

Daher kann es auch im Grundsatz nicht Aufgabe des Patentamtes sein, eine Patentanmeldung daraufhin zu prüfen, ob die gewerbliche Verwertung der patentierten Erfindung gegen irgendwelche Normen des Rechts oder der Moral verstoßen könnte. Die Durchsetzung solcher Normen ist grundsätzlich anderen, hierfür spezifisch zuständigen, staatlichen oder auch gesellschaftlichen Einrichtungen vorbehalten[62]. Andererseits bildet die Erteilung eines Patents einen (im Fall des DPMA) staatlichen oder (im Fall des EPA) supranationalen Hoheitsakt, der sich als solcher in gewissen Grenzen des Rechts und der Moral halten muss, will sich das jeweilige Gemeinwesen nicht zu seinen eigenen elementaren, rechtlichen oder sittlichen Fun-

---

58 Siehe etwa BÜHLER (o. Fn. 52), 560 f. m.w.N.

59 Ebenso z.B. SPRANGER, „Patentability of Stem Cell Inventions with Special Emphasis to EC Law", JIBL 1 (2004), 247 ff. (253).

60 MOUFANG, „Ethische Grenzen der Patentierung biotechnologischer Erfindungen", 2003, 2. (http://www.nationalerethikrat.de/texte/pdf/Patentierung_Referat_Moufang.pdf).

61 Zum sog. „Forschungsprivileg" im vorliegenden Zusammenhang siehe z.B. „Opinion of the European Group on Ethics" (o. Fn. 21), 17.

62 MOUFANG (o. Fn. 60), 3; vgl. auch BÜHLER (o. Fn. 52), 566; SPRANGER (o. Fn. 59), 253; STRAUS (o. Fn. 31), 117; TREICHEL (o. Fn. 56), 285; VOGELSANG-WENKE, „Patentierung in der Stammzellforschung aus Sicht der Patentierungspraxis", Jahrbuch für Wissenschaft und Ethik Bd. 9 (2004), 351 ff. (351, 354).

damenten in Widerspruch setzen und damit seiner Legitimitätsgrundlagen berauben[63].

Daraus folgt, dass das patentrechtliche, die Patentierung kategorisch ausschließende Tatbestandsmerkmal der „guten Sitten" eng auszulegen ist[64]: In Bezug genommen werden damit nur solche (ungeschriebenen) moralischen Normen, die *conditio sine qua non* für das gedeihliche Zusammenleben in einem organisierten Gemeinwesen, in diesem Sinne also von grundlegender Bedeutung für die jeweilige Gesellschaft sind und von daher in dieser Gesellschaft allgemein als verbindlich anerkannt werden[65].

2.3.2 Regelungssystematik der ethisch motivierten Patentierungsausschlüsse

Der Ausschluss von der Patentierbarkeit wegen Verstoßes der gewerblichen Verwertung der Erfindung gegen die „guten Sitten" oder gegen den sog. *„ordre public"* gilt auch für den Bereich der Patentierung biotechnologischer Erfindungen. Dieser allgemein an den *ordre public* und die „guten Sitten" anknüpfende Patentierungsausschluss bildet gleichsam eine Generalklausel. Diese Generalklausel ist im deutschen und europäischen wie auch im internationalen Patentrecht seit langem anerkannt (Art. 27 Abs. 2 TRIPS, Art. 6 Abs. 1 i.V. mit Erwägungsgrund 37 BioPatRL, Art. 53a *lit.* a EPÜ, § 2 Abs. 1 PatG).

Im deutschen wie im europäischen Biopatentrecht wird diese Generalklausel in zweifacher Hinsicht konkretisiert. Zum einen wird ausdrücklich normiert, dass der „menschliche Körper in den einzelnen Phasen seiner Entstehung und Entwicklung" wie auch seine (nur entdeckten) „Bestandteile" keine patentierbare Erfindungen darstellen (Art. 5 Abs. 1 BioPatRL, R. 29 Abs. 1 AO-EPÜ, § 1a Abs. 1 PatG)[66]. Der Tatbestand dieses ethisch motivierten, aus den Grundprinzipien der Würde und Unversehrtheit des Menschen hergeleitete Patentierungsausschlusses (vgl. Erwägungsgrund 16 BioPatRL) knüpft an den Gegenstand der zu patentierenden Erfindung als solchen an: Der menschliche Körper als solcher soll, auch in den unterschiedlichen Stadien der Entstehung und Entwicklung, nicht instrumentalisierbar, insbesondere nicht (wie eben z.B. im Wege der gewerblichen Verwertung einer

---

[63] In diesem Sinne wohl auch MOUFANG (o. Fn. 60), 3; ferner BÜHLER (o. Fn. 52), 560 f.; STERCKX, The European Patent Convention and the (Non-)Patentability of Human Embryonic Stem Cells – The WARF Case, I.P.Q. 4 (2008), 478 ff. (478).

[64] Siehe hierzu nochmals unten in und bei Fn. 70 bis 76.

[65] Diese betont restriktive Auslegung und Anwendung des allgemeinen Sittlichkeitsvorbehalts ist nicht zuletzt auch deshalb angezeigt, weil ein gesellschaftlicher Wertewandel dazu führen kann, dass die gewerbliche Verwertung einer Erfindung später „plötzlich" doch noch als mit den „guten Sitten" vereinbar erscheint, dies aber nicht mehr rückwirkend die in der Vergangenheit erfolgte Ablehnung der Patentanmeldung wegen eines damals angenommenen Sittenverstoßes heilen kann. Zutreffend und näher hierzu STRAUS (o. Fn. 31), 116 f.; zur Variabilität der „guten Sitten" auch „Comments by the President of the European Patent Office on G 2/06", 20.

[66] In diesem Sinne (d.h. R. 29 AO-EPÜ als Konkretisierung von Art. 53 *lit.* a EPÜ verstehend) auch „Comments by the President of the EPO" (o. Fn. 65), 40; MOUFANG (o. Fn. 60), 6; ebenso (nämlich Art. 5 Abs. 1 BioPatRL als Konkretisierung von Art. 6 Abs. 1 BioPatRL verstehend) BÜHLER (o. Fn. 52), 570.

Erfindung) kommerzialisierbar und deshalb auch nicht patentierbar sein (vgl. auch Art. 9 BioPatRL). Gleiches soll für (nur entdeckte) Körperbestandteile gelten. Dabei wollte der Gemeinschaftsgesetzgeber offenbar Keimzellen (also Ei- und Samenzellen) nicht als Körperbestandteile, sondern als Element der Phase der Entstehung des menschlichen Körpers auffassen (Erwägungsgrund 16 BioPatRL). Diese Differenzierung ist von weit reichender Bedeutung:

Denn ausdrücklich nicht ausgeschlossen ist die Patentierbarkeit von „Bestandteilen" des menschlichen Körpers, sofern sie „isoliert" oder sonst „durch ein technisches Verfahren gewonnen", insofern also nicht bloß „entdeckt", sondern „erfunden" worden sind (Art. 5 Abs. 2 BioPatRL, R. 29 Abs. 2 AO-EPÜ, § 1a Abs. 2 PatG). Solche Körperbestandteile sind nämlich das Ergebnis technischer Verfahren (z.B. zu ihrer Identifizierung, Reinigung oder Vermehrung), „zu deren Anwendung nur der Mensch fähig ist und die die Natur selbst nicht vollbringen kann" (Erwägungsgrund 21 BioPatRL). Patentierbar ist mithin eine Erfindung, die einen menschlichen Körperbestandteil mit einem technischen Verfahren in der Weise verknüpft, dass er im Hinblick auf eine gewerbliche Anwendung mit Hilfe des technischen Verfahrens isoliert oder reproduziert werden kann, ohne dass dadurch der Bestandteil des menschlichen Körpers in seiner natürlichen Umgebung Gegenstand der Aneignung wird[67]. Sinn und Zweck der Patentierbarkeit ist dabei, „die Forschung mit dem Ziel der Gewinnung und Isolierung solcher für die Arzneimittelherstellung wertvollen [Körper-]Bestandteile zu fördern" (Erwägungsgrund 17 BioPatRL)[68]. Dieser Sinn und Zweck greift gerade auch auf dem Gebiet der humanembryonalen Stammzellforschung und des therapeutischen Klonens. Denn Forschung und Entwicklung in diesen Bereichen berechtigen zumindest im Ansatz zu Hoffnungen auf Therapien schwerer, bisher unheilbarer Krankheiten.

Zum anderen wird der allgemeine *ordre public*- und Sittlichkeitsvorbehalt durch eine besondere Liste nicht patentierbarer Erfindungen konkretisiert (Art. 6 Abs. 2 BioPatRL). Das deutsche Patentrecht (vgl. § 2 Abs. 2 Satz 1 PatG) wie die AO-EPÜ (vgl. R. 28 AO-EPÜ) haben diese Liste, die gleichsam „Regelbeispiele"[69] für einen Verstoß der gewerblichen Verwertung der Erfindung gegen den *ordre public* oder die „guten Sitten" aufführt, wortgleich übernommen.

2.3.3 Grundsätze für die Auslegung und Anwendung der ethisch motivierten Patentierungsausschlüsse

Für die Auslegung und Anwendung der Generalklausel und ihrer ausdrücklichen Konkretisierungen lassen sich aus der patentamtlichen Spruchpraxis und der gerichtlichen Rechtsprechung heraus bestimmte Grundsätze formulieren:

(1) Ethisch motivierte Patentierungsausschlüsse sind prinzipiell eng auszulegen[70]. Maßgeblich hierfür ist weniger die (ohnehin nur mit Bedacht anzuwendende)

---

67 So die zutreffende Interpretation des EuGH, Rs. C-377/98, Slg. 2001, I-7079, Rn. 72 f.

68 EuGH, Rs. C-456/03, Slg. 2005, I-5335, Rn. 70.

69 Oder in den Worten von Erwägungsgrund 38 BioPatRL: „allgemeine Leitlinien für die Auslegung".

70 Siehe zu Art. 53 *lit.* a EPÜ etwa EPA Beschwerdekammer, T 315/03, Ziff. 7.4.; siehe auch schon oben in und bei Fn. 65.

„Faustformel“, Ausnahmevorschriften seien prinzipiell eng auszulegen[71]. Zwar bilden die ethisch motivierten Patentierungsausschlüsse (z.B. Art. 53 *lit.* a EPÜ) tatsächlich Ausnahmevorschriften zu der Regel (z.B. in Art. 52 Abs. 1 EPÜ), dass ein Anspruch auf Erteilung eines Patents für Erfindungen besteht, die neu sind, auf einer erfinderischen Tätigkeit beruhen und gewerblich anwendbar sind. Die Reichweite von Ausnahmevorschriften ist indes nicht unter Rückgriff auf „Faustformeln“, sondern durch Auslegung anhand der anerkannten, jeweils anwendbaren Auslegungsmethoden zu ermitteln, im Fall des EPÜ z.B. ausgehend von den in Art. 31 ff. Wiener Vertragsrechtskonvention[72] normierten Auslegungsregeln für völkerrechtliche Verträge[73].

Entscheidend ist dabei, dass das Patentamt eine Patentanmeldung nicht daraufhin zu prüfen hat, ob die gewerbliche Verwertung der Erfindung mit allen rechtlichen oder moralischen Normen, welche auf die Verwendung der Erfindung anwendbar sein könnten, vereinbar ist[74]. Dieser von Sinn und Zweck des Patents getragenen Reduzierung des patentamtlichen Prüfungsumfangs entsprechend sind z.B. solche Tatbestandsmerkmale ethisch motivierter Patentierungsausschlüsse, die ganz unbestimmt auf Recht und Moral verweisen, wie der allgemeine *ordre public*- und Sittlichkeitsvorbehalt, eng auszulegen: Zum *ordre public* (bzw. zur „öffentlichen Ordnung“) gehören (nur) die tragenden, grundlegenden, unabdingbaren Prinzipien bzw. Normen der Rechtsordnung, zu den „guten Sitten“ (nur) ethisch begründete, allgemein als verbindlich akzeptierte und anerkannte, ungeschriebene gesellschaftliche Normen von elementarer Bedeutung[75]. Außerdem ist der Tatbestand eines Verstoßes der gewerblichen Verwertung der Erfindung gegen den *ordre public* oder die „guten Sitten“ nur dann erfüllt, wenn für die Erfindung keine andere gewerbliche Verwertung denkbar ist als eine solche, die gegen den *ordre public* oder die „guten Sitten“ verstößt[76].

(2) Bei der Umsetzung der in der Biopatentrichtlinie normierten Liste der nicht patentierbaren Erfindungen in nationales Recht kommt den Mitgliedstaaten der EG kein Wertungs- oder Gestaltungsspielraum zu[77]. Denn hier hat der Gemeinschaftsgesetzgeber selbst die Wertentscheidung gefällt, dass die gewerbliche Verwertung der gelisteten Erfindungen mit dem *ordre public* bzw. den „guten Sitten“ unverein-

---

[71] Kritisch zu dieser „Faustformel“ die „Comments by the President of the EPO“ (o. Fn. 65), 37; siehe auch EPA-Beschwerdekammer, T 1374/04 – 3.3.08, Rn. 33 der Gründe.

[72] Wiener Übereinkommen über das Recht der Verträge vom 23.Mai 1969 (BGBl. II 1985, 927).

[73] EPA-Beschwerdekammer, T 1374/04 – 3.3.08, Rn. 34 der Gründe m.w.N.; „Comments by the President of the EPO“ (o. Fn. 65), 35 ff. m.w.N.; PLOMER et al. (o. Fn. 6), 86, 98.

[74] Zur Begründung siehe schon oben in und bei Fn. 61 bis 63.

[75] Ähnlich zu Art. 53 *lit.* a EPÜ „Comments by the President of the EPO“ (o. Fn. 65), 51; BÜHLER (o. Fn. 52), 561; MOUFANG (o. Fn. 60), 2; siehe auch TREICHEL (o. Fn. 56), 284; vgl. ferner (zu Art. 53 *lit.* a EPÜ und Art. 27 Abs. 2 TRIPS) PLOMER et al. (o. Fn. 6), 92 f., 95.

[76] So auch bereits HERDEGEN, „Die Patentierung von Stammzellverfahren nach der Richtlinie 98/44/EG“, GRUR Int 2000, 859 ff. (863); gleichfalls zustimmend MÜLLER (o. Fn. 56), 313; STRAUS (o. Fn. 31), 115 f. Siehe dazu auch nochmals unten in und bei Fn. 150.

[77] EuGH, Rs. C-456/03, Slg. 2005, I-5335, Rn. 78.

bar ist. Erfindungen, deren Gegenstand unter einen der in der Liste aufgeführten Tatbestände fällt, sind daher absolut nicht patentierbar[78].

Die in der Liste genannten Tatbestände müssen also im innerstaatlichen, nationalen Recht „eins zu eins" umgesetzt werden. Weder eine Abschwächung noch eine Verschärfung der gelisteten ethisch motivierten Patentierungsausschlüsse ist zulässig[79]. Auch ist den nationalen Patentämtern und (Patent-)Gerichten nicht gestattet, eine eigene Wertebalance zu suchen. Vielmehr sind diese Behörden auf eine gleichsam „technische" (im Gegensatz zu einer „sittlich-wertenden") Subsumtion unter die vom Gemeinschaftsgesetzgeber in wertender Konkretisierung des allgemeinen *ordre public*- und Sittlichkeitsvorbehalts definierten Ausschlusstatbestände beschränkt[80]. Deshalb dürfen auch spezifisch nationale Grundsatzentscheidungen rechtlicher oder moralischer Natur bei der Auslegung und Anwendung der in der Liste verzeichneten Tatbestände keine Rolle spielen. Vielmehr bildet ausschließlich der bioethische Konsens der europäischen Staaten, innerhalb der Europäischen Union der bioethische Konsens der Mitgliedstaaten der EG, den Maßstab für Bedeutung und Tragweite der in der Liste genannten ethisch motivierten Patentierungsausschlüsse[81]. Denn ausweislich des Erwägungsgrundes 40 BioPatRL hat sich der Gemeinschaftsgesetzgeber bei der Normierung der Liste der von der Patentierbarkeit ausgeschlossenen Erfindungen von der „Übereinstimmung", also dem Konsens, „innerhalb der Gemeinschaft" leiten lassen[82].

Maßgeblich für die innerstaatliche Anwendung der Liste aufgrund nationalen Rechts können daher z.B. in Deutschland – entgegen der im deutschen Patentgesetz vorgesehenen, anders lautenden Anweisung (§ 2 Abs. 2 Satz 2 PatG) – nicht das im internationalen Vergleich besonders strenge ESchG oder die hinter dem ESchG stehenden verfassungsrechtlichen Wertentscheidungen[83] in ihrer spezifisch deutschen Ausprägung sein[84]. § 2 Abs. 2 Satz 2 PatG darf daher – im Anwendungsbereich der Biopatentrichtlinie der EG – mit Rücksicht auf den Vorrang des Gemeinschaftsrechts[85] nicht angewendet werden, sofern der über § 2 Abs. 2 Satz 2 PatG durch-

---

[78] Ebenso (zu R. 28 AO-EPÜ) „Comments by the President of the EPO" (o. Fn. 65), 25 ff., 42, 45.

[79] Ebenso PLOMER et al. (o. Fn. 6), 27 f.

[80] In diesem Sinne auch (zu R. 28 *lit.* c AO-EPÜ) „Comments by the President of the EPO" (o. Fn. 65), 26; (zu Art. 6 Abs. 2 *lit.* c BioPatRL) BÜHLER (o. Fn. 52), 570; PLOMER et al. (o. Fn. 6), 72 f.; unzutreffend daher die Kritik von HARMON, „From engagement to re-engagegment: the expression of moral values in European patent proceedings, past and future", E.L.Rev. Bd. 31 (2006), 642 ff. (659 f.), die neuere Praxis des EPA habe (in den Fällen des „*Edinburgh*-Patents" und des „*WARF*-Patents") jede „moral discussion" vermissen lassen.

[81] Zur Feststellung des bioethischen Konsenses zwischen den EG-Mitgliedstaaten vgl. die Ausführungen unten in und bei Fn. 94 bis 103.

[82] Ebenso „Comments by the President of the EPO" (o. Fn. 65), 15, 25, 40, 42, 45, 49; *Amicus curiae* submission of the United Kingdom in the Enlarged Board of Appeal of the European Patent Office case: G2/06 – Wisconsin Alumni Research Foundation, Ziff. 17 (http://www.patent.gov.uk/warf.pdf); siehe auch PLOMER et al. (o. Fn. 6), 56, 70 f.

[83] Dazu oben in und bei Fn. 37 und 38.

[84] Übersehen von BPatG, GRUR 2007, 1049 ff. (1052) m. Anm. von DEDERER.

[85] EuGH, Rs. 6/64, Slg. 1964, 1253 (1269 f.).

gesetzte nationale bioethische Konsens vom gemeineuropäisch konsentierten bioethischen Standard abweicht[86].

Soweit ein solcher gemeineuropäisch konsentierter bioethischer Standard nicht besteht, wie z.B. in der Frage, wann von einem „Embryo" im Rechtssinne von Art. 6 Abs. 2 *lit.* c BioPatRL; R. 28 *lit.* c AO-EPÜ; § 2 Abs. 2 Satz 1 Nr. 3 PatG zu sprechen ist[87], besteht ein nationaler, für sittliche Wertungen offener Auslegungsspielraum, bei dessen Ausfüllung z.B. in Deutschland in der Tat das ESchG (vgl. dort § 8 Abs. 1 ESchG) und die jenem zugrunde liegenden Grundsatzentscheidungen herangezogen werden können. Konkret in Bezug auf den in Art. 6 Abs. 2 *lit.* c BioPatRL; R. 28 *lit.* c AO-EPÜ; § 2 Abs. 2 Satz 1 Nr. 3 PatG normierten Tatbestand besteht dagegen kein solcher nationaler Auslegungsspielraum für die Tatbestandsmerkmale der „Verwendung" (von Embryonen) zu „industriellen" oder „kommerziellen" Zwecken. Diese Begriffe sind nicht selbst spezifisch bioethisch „aufgeladen". Für diese Begriffe schlägt daher die mit der Biopatentrichtlinie intendierte Harmonisierung in dem Sinne voll durch, dass sie europaweit einheitlich auszulegen und anzuwenden sind.

(3) Ist ein Tatbestand der Liste der absolut nicht patentierbaren Erfindungen nicht erfüllt, kann ein ethisch motivierter Patentierungsausschluss gleichwohl noch auf die Generalklausel, also auf den allgemeinen *ordre public*- und Sittlichkeitsvorbehalt, gestützt werden[88]. Denn wie sowohl der Wortlaut (vgl. Art. 6 Abs. 2 BioPatRL: „unter anderem") als auch die Erwägungsgründe (vgl. Erwägungsgrund 38 BioPatRL) erweisen, „informiert" die Liste nur über allgemein akzeptierte Fälle, in welchen die gewerbliche Verwertung einer biotechnologischen Erfindung ohne Ausnahme gegen den *ordre public* oder die guten Sitten im Sinn der Generalklausel des Art. 6 Abs. 1 BioPatRL verstößt (vgl. Art. 6 Abs. 2 BioPatRL: „Im Sinne von Absatz 1 ... gelten als nicht patentierbar"), ohne insoweit „erschöpfend" zu sein. Daher seien „Verfahren, deren Anwendung gegen die Menschenwürde verstößt, ... natürlich ebenfalls von der Patentierbarkeit auszunehmen" (Erwägungsgrund 38 BioPatRL). Ein solcher Patentierungsausschluss lässt sich (patent-)rechtlich nur unter Rückgriff auf die Generalklausel, den allgemeinen *ordre public*- und Sittlichkeitsvorbehalt, begründen.

(4) Die Generalklausel eröffnet den Staaten einen im Grundsatz weiten Spielraum für den ethisch motivierten Ausschluss biotechnologischer Erfindungen von der Patentierbarkeit[89]. Dafür spricht auch Erwägungsgrund 39 BioPatRL. Danach „[entsprechen] die öffentliche Ordnung und die guten Sitten ... insbesondere den in den Mitgliedstaaten anerkannten ethischen oder moralischen Grundsätzen".

Gerade spezifisch nationale Grundsatzentscheidungen rechtlicher oder moralischer Natur, wie sie z.B. in Deutschland einfachgesetzlich im ESchG und im StZG

---

86 Offenbar a.A. NATIONALER ETHIKRAT (o. Fn. 21), 13, 31.

87 Siehe hierzu unten in und bei Fn. 190 bis 193.

88 Siehe nur EPA-Beschwerdekammer, T-1374/04, Rn. 53 der Gründe, und etwa PLOMER et al. (o. Fn. 6), 103, 108, 115 f.

89 EuGH, Rs. C-456/03, Slg. 2005, I-5335, Rn. 78; ebenso PLOMER et al. (o. Fn. 6), 64, 115; in diesem Sinne wohl auch NATIONALER ETHIKRAT (o. Fn. 21), 30 f.

zum Ausdruck kommen, aber auch auf der höheren, verfassungsrechtlichen Ebene des Grundgesetzes unmittelbar verankert sind[90], können in den vom *ordre public*- und Sittlichkeitsvorbehalt eröffneten Spielraum einfließen. Allein aus dem Verstoß der Verwendung der Erfindung gegen Verbote, wie sie etwa im deutschen ESchG oder im deutschen StZG normiert sind, vermag zwar noch nicht unmittelbar hergeleitet zu werden, dass die (gewerbliche) Verwertung der Erfindung den *ordre public* oder die „guten Sitten" verletzt (Art. 6 Abs. 1 Halbs. 2 BioPatRL, Art. 53 *lit.* a Halbs. 2 EPÜ, § 2 Abs. 1 Halbs. 2 PatG; vgl. auch Art. 27 Abs. 2 TRIPS). Indes können derartige Verbote einen entscheidenden Hinweis auf fundamentale Rechtsgrundsätze oder zentrale moralische Normen geben, welche den *ordre public* bzw. die „guten Sitten" konstitutieren[91]. Dies gilt namentlich, aber nicht ausschließlich für die in Erwägungsgrund 38 BioPatRL angesprochene Garantie der Menschenwürde (vgl. Art. 1 Abs. 1 Satz 1 GG; § 1 StZG).

(5) Demgegenüber ist das EPA bei der Anwendung der Generalklausel des Art. 53 *lit.* a EPÜ auf einen gemeineuropäischen bioethischen Maßstab verwiesen[92]. Lässt sich ein gemeineuropäischer bioethischer *ordre public*- oder Sittlichkeitsmaßstab nachweisen, muss das EPA diesen Maßstab ohne weiteren, eigenen Beurteilungsspielraum zugrunde legen[93].

Dieser Maßstab wird primär von der EMRK, zumal in ihrer Auslegung durch den EGMR gebildet[94]. Einen bedeutenden Anhaltspunkt mag der gemeineuropäische bioethische Maßstab daneben in der EU-Grundrechtecharta[95] finden. Allerdings ist dabei im Einzelfall jeweils zu bedenken, dass darin die bioethische Übereinstimmung von nur 27 europäischen Staaten, nämlich der EU/EG-Mitgliedstaaten, ihren Niederschlag findet. Erst recht nur behutsam heranzuziehen sind die Biomedizinkonvention und das Klonprotokoll des Europarates, die wegen der vergleichsweise geringen Zahl an Ratifikationen[96] weniger maßstabsbildend wirken[97].

Lässt sich der gemeineuropäische bioethische Maßstab nicht anhand der vorgenannten (oder anhand von anderen, z.B. auf universaler Ebene von allen europäischen Staaten mitgetragenen internationalen[98]) Instrumente nachweisen, können auch die gemeinsamen (Verfassungs-)Rechtsüberlieferungen der europäischen

---

[90] Dazu oben in und bei Fn. 35 bis 38.

[91] In diesem Sinne auch „Comments by the President of the EPO" (o. Fn. 65), 51 f.; BÜHLER (o. Fn. 52), 562.

[92] „Comments by the President of the EPO" (o. Fn. 65), 51 (eher kritisch hierzu a.a.O., 52); *Amicus curiae* submission of the United Kingdom (o. Fn. 82), Ziff. 8 und 10; siehe auch PLOMER et al. (o. Fn. 6), 56, 110; offen gelassen von der Großen Beschwerdekammer in der Entscheidung vom 25. November 2008, Az. G 2/06 – WARF-Patent (Entscheidungsgrund Ziff. 31).

[93] „Comments by the President of the EPO" (o. Fn. 65), 54.

[94] In diesem Sinne auch HERDEGEN (o. Fn. 76), 860; MOUFANG (o. Fn. 60), 3; PLOMER et al. (o. Fn. 6), 53.

[95] MOUFANG (o. Fn. 60), 3; siehe auch STERCKX (o. Fn. 63), 490 ff.

[96] Siehe hierzu nochmals unten in und bei Fn. 279.

[97] Ebenso HERDEGEN (o. Fn. 76), 860; PLOMER et al. (o. Fn. 6), 57 f. Großzügiger insoweit wohl „Comments by the President of the EPO" (o. Fn. 65), 51; MOUFANG (o. Fn. 60), 3.

[98] Siehe dazu oben in und bei Fn. 50 bis 51.

Staaten als Erkenntnisquelle herangezogen werden[99]. Nicht durch (Verfassungs-) Rechtsvergleichung nachweisbar ist ein gemeineuropäischer bioethischer Maßstab freilich dann, wenn ein oder mehrere europäische Staaten ein bestimmtes technisches Handeln, und sei es bisher nur zu Forschungszwecken, ausdrücklich für zulässig erklärt haben, obgleich die vielleicht sogar ganz überwiegende Mehrheit der Staaten Europas das entsprechende Handeln (zu Forschungs- wie zu allen anderen, z.B. gewerblichen Zwecken) kategorisch verbietet[100].

Beispielsweise wird die Gewinnung human-embryonaler Stammzellen aus menschlichen Embryonen und sogar das therapeutische Klonen in einigen (zumal großen) europäischen Staaten[101] unter bestimmten strikten Voraussetzungen für Zwecke der biologischen oder medizinischen Grundlagenforschung oder der Erforschung schwerer, bisher unheilbarer Krankheiten erlaubt. Nahe liegend ist dann, dass jene Staaten auch die gewerbliche Verwertung von Erfindungen auf diesen (Forschungs-)Gebieten für vereinbar mit ihrem *ordre public* und ihren „guten Sitten" halten (werden)[102]. Die „Konstruktion" eines hiervon abweichenden, „höheren" gemeineuropäischen Maßes an *ordre public* bzw. Sittlichkeit ist grundsätzlich nicht tragfähig. Sie wäre unweigerlich mit dem Vorwurf verknüpft, dass die rechtlichen und moralischen Fundamentalnormen der betreffenden Staaten hinter dem gesamteuropäischen *ordre public*- und Sittlichkeitsstandard offenkundig zurückbleiben[103].

(6) Erlaubt der gemeineuropäische bioethische *ordre public*- oder Sittlichkeitsmaßstab i.S. des Art. 53 *lit.* a EPÜ keine Ablehnung der Patentanmeldung und sind auch die ausdrücklichen bzw. gelisteten ethisch motivierten Patentierungsausschlüsse (R. 28 und 29 Abs. 1 AO-EPÜ) nicht einschlägig, dann muss das EPA demnach das europäische Patent erteilen, wenn die allgemeinen Patentierungsvoraussetzungen (Art. 52 Abs. 1 EPÜ) im Übrigen vorliegen.

Ein solches europäisches Patent kann anschließend aber von einem nationalen (Patent-)Gericht aufgrund einer Nichtigkeitsklage wegen Verstoßes gegen den *ordre public* bzw. die „guten Sitten" aufgehoben werden (vgl. Art. 138 Abs. 1 *lit.* a i.V. mit Art. 53 *lit.* a EPÜ, §§ 81 Abs. 1 Satz 1 und Abs. 4 Satz 1, 22 Abs. 1 i.V. mit 21 Abs. 1 Nr. 1, 2 Abs. 1 PatG)[104]. Die Aufhebung des europäischen Patents wirkt dann selbst-

---

[99] Ebenso MOUFANG (o. Fn. 60), 3. Siehe hierzu HEYER/DEDERER, Präimplementationsdiagnostik, Embryonenforschung, Klonen. Ein vergleichender Überblick zur Rechtslage in ausgewählten Ländern, 2007.

[100] In diesem Sinne z.B. auch STRAUS, Ethische, rechtliche und wirtschaftliche Probleme des Patent- und Sortenschutzes für die biotechnologische Tierzüchtung und Tierproduktion, GRUR Int. 1990, 913 ff. (919); wohl a.A. „Comments by the President of the EPO" (o. Fn. 65), 52.

[101] Belgien, Großbritannien und Schweden.

[102] Dazu nochmals unten in und bei Fn. 184 bis 188.

[103] Siehe MOUFANG (o. Fn. 60), 4. Vertretbar erhoben werden könnte dieser Vorwurf vielleicht dann, wenn es um Abweichungen von Normen des (völkerrechtlichen) *ius cogens* (dazu z.B. HERDEGEN, Völkerrecht, 7. Aufl., 2008, § 16, Rn. 14) ginge, was im vorliegenden Zusammenhang allerdings nicht der Fall wäre.

[104] NATIONALER ETHIKRAT (o. Fn. 21), 31; PLOMER et al. (o. Fn. 6), 89; PORTER et al. (o. Fn. 6), 655.

verständlich nur territorial begrenzt für das Hoheitsgebiet des Staates, dessen Gericht das Patent für nichtig erklärt hat (vgl. Art. 138 Abs. 1 EPÜ). Dabei kann das nationale Gericht in die Auslegung und Anwendung der unbestimmten Rechtsbegriffe des *ordre public* bzw. der „guten Sitten" auch nationale Grundsatzentscheidungen rechtlicher bzw. moralischer Natur einfließen lassen und so dem nationalen *ordre public* bzw. den nationalen „guten Sitten" vollauf Rechnung tragen[105].

Will das nationale Gericht das europäische Patent dagegen wegen eines der ausdrücklichen bzw. gelisteten ethisch motivierten Patentierungsausschlüsse (R. 28 und 29 Abs. 1 AO-EPÜ) aufheben, muss es sich auf einen gemeineuropäischen bioethischen Konsens stützen können[106]. Dieser ist gegebenenfalls vom Gerichtshof der Europäischen Gemeinschaften (EuGH) im sog. Vorabentscheidungsverfahren (Art. 234 EG) im Zusammenhang mit einer Auslegung der ausdrücklichen bzw. gelisteten ethisch motivierten Patentierungsausschlüsse in Art. 5 Abs. 1, 6 Abs. 2 BioPatRL festzustellen, sofern die Nichtigkeitsklage vor dem nationalen Gericht eines EG-Mitgliedstaates erhoben worden ist[106a]. Denn die ausdrücklichen bzw. gelisteten ethisch motivierten Patentierungsausschlüsse der R. 28 und 29 Abs. 1 AO-EPÜ sind nicht nur identisch im nationalen (Patent-)Recht in Umsetzung der EG-Biopatentrichtlinie (Art. 5 Abs. 1, 6 Abs. 2 BioPatRL) normiert, sondern selbst unmittelbar im Lichte der Biopatentrichtlinie auszulegen (R. 26 Abs. 1 Satz 2 AO-EPÜ)[107].

Daraus erhellt, dass der EuGH in Fragen der Auslegung des Biopatentrechts im Prinzip das „letzte Wort" in Europa hat[108]. Denn nicht nur das nationale (Bio-)Patentrecht der EG-Mitgliedstaaten, sondern auch die AO-EPÜ ist im Lichte der Biopatentrichtlinie auszulegen (vgl. R. 26 Abs. 1 Satz 2 AO-EPÜ). Leitend für die Interpretation der Biopatentrichtlinie (und damit der AO-EPÜ) ist aber die Rechtsprechung des EuGH. Obgleich also die (Bio-)Patentregime der EG und der EPO an sich voneinander geschieden sind, werden sie durch die EG-Biopatentrichtlinie und die sie konkretisierende Spruchpraxis des EuGH miteinander verknüpft.

Wird nun das oben im Überblick vorgestellte europäische und deutsche Biopatentrecht auf biotechnologische Erfindungen im Bereich der human-embryonalen Stammzellforschung und des therapeutischen Klonens angewandt, ergibt sich folgendes Bild:

---

[105] So wohl auch PLOMER et al. (o. Fn. 6), 89.

[106] Näher dazu oben in und bei Fn. 77 bis 86.

[106a] Demgegenüber hat die Große Beschwerdekammer im Beschwerdeverfahren um das WARF-Patent (Az. G 2/06) am 25. November 2008 zu Recht entschieden, dass ein Vorabentscheidungsersuchen einer Beschwerdekammer des EPA gemäß Art. 234 EG an den EuGH unzulässig sei (Entscheidungsgründe Ziff. 2 bis 11).

[107] Siehe ferner schon oben in und bei Fn. 32 bis 33.

[108] In diesem Sinne auch PLOMER et al. (o. Fn. 6), 92, 113; ebenso, wenngleich etwas zurückhaltender „Comments by the President of the EPO" (o. Fn. 65), 11 f.

3 Patentierbarkeit auf dem Gebiet der human-embryonalen Stammzellforschung

3.1 Human-embryonale Stammzellen, Stammzellkulturen oder Stammzelllinien als solche

3.1.1 Vorliegen der allgemeinen Patentierungsvoraussetzungen

3.1.1.1 „Gewerbliche Anwendbarkeit"

Für human-embryonale Stammzellen als solche hat die Europäische Gruppe für Ethik der Naturwissenschaften und der Neuen Technologien (EGE)[109] in einer rechtlich unverbindlichen, nur beratenden[110] Stellungnahme die Auffassung vertreten, dass human-embryonale Stammzellen als solche kein patentierbares Erzeugnis darstellen, sofern die Stammzellen lediglich isoliert, aber nicht darüber hinaus auch gentechnisch oder durch eine andere *in vitro*-Behandlung verändert worden sind. Im Fall nur isolierter, aber unveränderter Stammzellen sei nämlich die allgemeine Patentierungsvoraussetzung der „gewerblichen Anwendbarkeit" (vgl. Art. 57 EPÜ, § 5 Abs. 1 PatG) nicht erfüllt. Solche Stammzellen hätten keine ganz bestimmte Verwendung, sondern nur ein sehr weites Spektrum möglicher, aber unbestimmter Verwendungen. Die Patentierung unveränderter Stammzellen würde darum auch zu einem zu weiten Umfang des Patentschutzes führen. Erst durch gentechnische oder sonstige Veränderung *in vitro* könnten Stammzellen die Eigenschaften für eine spezifische gewerbliche Anwendbarkeit erlangen und damit patentierbar sein[111].

Diese Stellungnahme der EGE hat bisher allerdings zu Recht keinen wahrnehmbaren Widerhall in der patentamtlichen Praxis, dagegen umso deutlicheren Widerspruch im Schrifttum wie auch im EPA gefunden[112]. Denn sie geht in verschiedener Hinsicht am geltenden Patentrecht klar vorbei[113]. Insbesondere verkennt die EGE Inhalt und Bedeutung des Kriteriums der „gewerblichen Anwendbarkeit".

Die „gewerbliche Anwendbarkeit" einer Erfindung, wie sie in einer Patentanmeldung darzustellen ist, bildet eine Voraussetzung für die Patentierbarkeit der Erfindung (Art. 27 Abs. 1 Satz 1 TRIPS, Art. 3 Abs. 1 BioPatRL, Art. 52 Abs. 1, 57 EPÜ, §§ 1 Abs. 1, 5 Abs. 1 PatG). Insofern ist zwischen der Patentierbarkeit auf der Grundlage der Beschreibung der „gewerblichen Anwendbarkeit" einer Erfindung in

---

[109] Die bei der Europäischen Kommission eingerichtet worden und gemäß Art. 7 BioPatRL mit der Bewertung „aller ethischen Aspekte" im Zusammenhang mit der Biotechnologie befasst ist.

[110] Ebenso z.B. „Comments by the President of the EPO" (o. Fn. 65), 55; PLOMER et al. (o. Fn. 6), 14.

[111] „Opinion of the European Group on Ethics" (o. Fn. 21), 15 f., 17. Massiv vorgetragen wird der Vorwurf der "Überbelohnung" auch von LAURIE (o. Fn. 52), 64, mit Blick auf das sog. „*WARF*-Patent" (zu diesem Patent unten bei und nach Fn. 142).

[112] Offenbar zustimmend allerdings LAURIE (o. Fn. 52), 63 f., 65 f.

[113] Sehr kritisch z.B. die Zwischenentscheidung der Einspruchsabteilung vom 21. Juli 2003 betreffend Europäisches Patent 0 695 351 (sog. „*Edinburgh*-Patent"), Ziff. 2.5.4 (Blatt 23 ff.); WEBBER (o. Fn. 6), 93 f.; ferner CRESPI (o. Fn. 6), 115. Siehe auch nochmals unten in und bei Fn. 128 bis 129.

der Patentanmeldung und dem Schutzbereich des Patents für die Erfindung zu unterscheiden[114]. Denn der Schutzbereich eines Patents wird durch den Inhalt der Patentansprüche definiert (Art. 69 Abs. 1 Satz 1 EPÜ, § 14 Satz 1 PatG). Zwar ist die Beschreibung der Erfindung zur Auslegung der Patentansprüche heranzuziehen (Art. 69 Abs. 1 Satz 2 EPÜ, § 14 Satz 2 PatG). Indes werden die Patentansprüche auch dadurch nicht auf die in der Patentanmeldung konkret beschriebene gewerbliche Anwendbarkeit beschränkt.

Das hängt nicht zuletzt auch damit zusammen, dass das europäische wie das deutsche Patentrecht für das Vorliegen der Patentierungsvoraussetzung der „gewerblichen Anwendbarkeit" keine in allen notwendigen technischen Details ausgereifte Darstellung der gewerblichen Anwendung der zu patentierenden Erfindung fordern (vgl. Art. 57 EPÜ, § 5 Abs. 1 PatG)[115]. Die strengeren, vom US-amerikanischen Patentamt (USPTO) angelegten Kriterien („specific, substantial and credible")[116] gelten im europäischen wie im deutschen Patentrecht nicht. Ausreichend ist nach Art. 57 EPÜ, § 5 Abs. 1 PatG vielmehr bereits, dass die (bloße) Möglichkeit der Herstellung oder Benutzung des Gegenstands der Erfindung auf irgendeinem gewerblichen Gebiet dargelegt wird. Dabei reicht die Darlegung schon einer einzigen Möglichkeit aus[117].

3.1.1.2 „Neuheit" und „erfinderische Leistung"

Als ernsthaftes Hindernis für die Patentierung human-embryonaler Stammzellen könnte sich dagegen in Zukunft das Kriterium der Neuheit (vgl. Art. 54 EPÜ, § 3 PatG) erweisen. Human-embryonale Stammzellen als solche dürften nämlich, soweit sie jedenfalls aus der inneren Zellmasse menschlicher, durch In-vitro-Fertilisation (IVF) hergestellter Embryonen im Blastozystenstadium gewonnen werden, zukünftig grundsätzlich[118] als zum Stand der Technik gehörig i.S. von Art. 54 Abs. 1 EPÜ, § 3 Abs. 1 Satz 1 PatG angesehen werden[119].

Interessanterweise wurde aber auch gegen das US-amerikanische der *Wisconsin Alumni Research Foundation* (*WARF*) erteilte Patent (sog. *WARF*-Patent) Einspruch mit dem Argument fehlender Neuheit bzw. mangelnder Erfindungshöhe (vgl. Art. 56 Satz 1 EPÜ, § 4 Satz 1 PatG) erhoben[120]. In der Tat waren jedenfalls Verfahren zur Gewinnung embryonaler Stammzellen aus Mausembryonen bereits entwickelt worden. Jene Verfahren gehörten längstens zum Stand der Technik, und ihre Übertragung auf den Menschen könnte für den Fachmann tatsächlich (sehr) nahe liegend gewesen sein.

---

[114] In diesem Sinne auch WEBBER (o. Fn. 6), 94.

[115] WEBBER (o. Fn. 6), 93.

[116] Vgl. dazu Utility Examination Guidelines des United States Patent and Trademark Office, 64 FR 71440 v. 21.12.1999, und 65 FR 3425 v. 21.1.2000.

[117] SINGER/STAUDER, in: *dies.* (Hrsg.), „Europäisches Patentübereinkommen", 2. Aufl., 2000, Artikel 57, Rn. 6.

[118] Siehe z.B. die Ausnahme nach Art. 54 Abs. 5 EPÜ, § 3 Abs. 4 PatG.

[119] So z.B. WEBBER (o. Fn. 6), 98.

[120] Siehe CRESPI (o. Fn. 6), 119.

3.1.2 Eingreifen ethisch motivierter Patentierungsausschlüsse

3.1.2.1 Der „menschliche Körper in den einzelnen Phasen seiner Entstehung und Entwicklung" (Art. 5 Abs. 1 BioPatRL, R. 29 Abs. 1 AO-EPÜ, § 1a Abs. 1 PatG)

a Totipotente Stammzellen

Nach Art. 5 Abs. 1 BioPatRL, R. 29 Abs. 1 AO-EPÜ, § 1a Abs. 1 PatG von der Patentierbarkeit ausgeschlossen sind human-embryonale Stammzellen jedenfalls dann, wenn sie „totipotent" sind, d.h. über die Fähigkeit verfügen, sich gleichwie menschliche Embryonen[121] zu einem vollständigen funktionsfähigen menschlichen Organismus zu entwickeln[122]. Totipotente Zellen lassen sich daher – menschlichen Embryonen vergleichbar – als Stadien in der Phase der Entstehung des menschlichen Körpers begreifen. Ebenso wie menschliche Embryonen[123] sind totipotente (Stamm-)Zellen daher gemäß Art. 5 Abs. 1 BioPatRL, R. 29 Abs. 1 AO, § 1a Abs. 1 PatG von der Patentierbarkeit ausgeschlossen[124]. Diese Auffassung teilt auch die

---

[121] Siehe zur Gleichsetzung totipotenter Zellen mit Embryonen im deutschen Recht § 8 Abs. 1 ESchG, § 3 Nr. 4 StZG.

[122] Zum Begriff der Totipotenz etwa DENKER, „Totipotenz oder Pluripotenz? Embryonale Stammzellen, die Alleskönner", Deutsches Ärzteblatt 100 [2003], A 2728 ff. (A 2729). Siehe ferner nochmals unten in und bei Fn. 124 sowie 221 bis 224.

[123] Ebenso Zwischenentscheidung der Einspruchsabteilung vom 21. Juli 2003 (o. Fn. 113), Ziff. 2.5.3 (Blatt 22); Ziff. 20 der Begründung des Rates zum Gemeinsamen Standpunkts (EG) Nr. 19/98 vom Rat festgelegt am 26. Februar 1998 im Hinblick auf den Erlaß der Richtlinie 98/.../EG des Europäischen Parlaments und des Rates vom ... über den rechtlichen Schutz biotechnologischer Erfindungen, ABl. Nr. C 110 vom 8.4.1998, 17; ferner z.B. BÜHLER (o. Fn. 52), 571, 574; NATIONALER ETHIKRAT (o. Fn. 21), 32; PLOMER et al. (o. Fn. 6), 61, 67; STRAUS (o. Fn. 31), 119; siehe auch „Opinion of the European Group on Ethics" (o. Fn. 21), 16.

[124] Ebenso BÜHLER (o. Fn. 52), 571; PLOMER et al. (o. Fn. 6), 68; STRAUS (o. Fn. 31), 128 f.; TREICHEL (o. Fn. 56), 284; siehe aber auch SPRANGER (o. Fn. 59), 251, 254; vgl. ferner LAURIE (o. Fn. 52), 63, mit dem Hinweis, dass eine Unterscheidung nach totipotenten und pluripotenten (menschlichen) Zellen nur dann sinnvoll möglich sei, wenn die Totipotenz durch Austragen nachgewiesen würde. Der rechtlichen Unterscheidung zwischen Totipotenz und Pluripotenz korrespondiere keine wissenschaftliche Differenzierung. In der Konsequenz – und dabei wohl einem ethischen „Vorsichtsprinzip" folgend – fordert z.B. DENKER, „Die Potenz von menschlichen ES-Zellen als Argument gegen ihre Patentierbarkeit", Jahrbuch für Wissenschaft und Ethik Bd. 9 (2004), 367 ff. (367), die Patentierbarkeit human-embryonaler Stammzellen abzulehnen, „solange für diese nicht der Nachweis erbracht worden ist, dass sie die Eigenschaft der Totipotenz verloren haben". Hier stellt sich das Problem der Darlegungs- und Beweislast für die Totipotenz (von Zellen) als Grund für den Ausschluss von der Patentierbarkeit (z.B. nach Art. 5 Abs. 1 BioPatRL, R. 29 Abs. 1 AO, § 1a Abs. 1 PatG). Nach allgemeinen Grundsätzen trägt diese Darlegungs- und Beweislast das Patentamt, welches die Patentanmeldung mit Rücksicht auf die Totipotenz ablehnen will. Kann das Patentamt der Darlegungs- und Beweislast nicht genügen, weil der Nachweis der Totipotenz nur mit ethisch inakzeptablen und rechtlich unzulässigen Experimenten geführt werden könnte, vermag das Patentamt seiner Darlegungs- und Beweislast (wenn auch aus nicht vom Patentamt zu vertretenden Gründen) nicht zu genügen. Dieser Umstand darf mit Rücksicht auf das grundrechtliche Freiheitsprinzip (konkret die Garantie des geistigen Eigentums aus Art. 14 Abs. 1 Satz 1 GG) nicht zu Lasten des Patentanmelders gehen.

Europäische Kommission[125]. Sie entspricht ferner der Praxis des britischen Patentamts[126].

b Pluripotente Stammzellen

Anders als totipotente Zellen können sog. „pluripotente" human-embryonale Stammzellen – prinzipiell – Gegenstand einer patentierbaren Erfindung sein. Denn pluripotente human-embryonale Stammzellen stellen „isolierte" bzw. sonst „durch ein technisches Verfahren gewonnene" Bestandteile von Blastozysten und damit nach Art. 5 Abs. 2 BioPatRL, R. 29 Abs. 2 AO, § 1a Abs. 2 PatG prinzipiell patentierbare Körperbestandteile dar, genauer: Bestandteile eines frühen, embryonalen Entwicklungsstadiums des menschlichen Körpers[127].

Der Einwand der EGE, isolierte Zellen seien dem menschlichen Körper, dem Fötus oder dem Embryo, welchen sie entnommen worden seien, „so nah", dass ihre Patentierung als (unzulässige) Kommerzialisierung des menschlichen Körpers aufgefasst werden könne[128], mag als rein ethisches Argument plausibel oder sogar überzeugend erscheinen, geht aber an der gegenwärtigen Rechtslage, wie sie in Art. 5 Abs. 2 BioPatRL, R. 29 Abs. 2 AO, § 1a Abs. 2 PatG normiert worden ist, klar vorbei[129].

3.1.2.2 „Verwendung menschlicher Embryonen zu industriellen oder kommerziellen Zwecken" (Art. 6 Abs. 2 lit. c BioPatRL, R. 28 lit. c AO-EPÜ, § 2 Abs. 2 Satz 1 Nr. 3 PatG)

a „Verwendung menschlicher Embryonen" bei Erzeugnispatenten auf human-embryonale Stammzellen?

Das EPA verweigert bislang Patente auf human-embryonale Stammzellen als solche[130]. Die Leitentscheidungen des EPA sind dabei zum sog. „*Edinburgh*-Patent" sowie zum sog. „*WARF*-Patent" ergangen.

---

[125] KOMMISSION DER EUROPÄISCHEN GEMEINSCHAFTEN, KOM (2005), 312 endg. (o. Fn. 11), 5.

[126] http://www.patent.gov.uk/patent/p-decisionmaking/p-law/p-law-notice/p-law-notice-stemcells.htm; dazu in diesem Band SPRANGER, S. 98 ff.

[127] Ebenso z.B. BÜHLER (o. Fn. 52), 580; GRUND/KELLER, „Patentierbarkeit embryonaler Stammzellen", Mitteilungen der deutschen Patentanwälte 2004, 49 ff. (52, 55); KRAUß/ENGELHARD, „Patente im Zusammenhang mit der menschlichen Stammzellforschung – ethische Aspekte und Übersicht über den Status der Diskussion in Europa und Deutschland", GRUR 2003, 985 ff. (992); MÜLLER (o. Fn. 56), 297; PLOMER et al. (o. Fn. 6), 70; STRAUS (o. Fn. 31), 120; TREICHEL (o. Fn. 56), 284; vgl. auch KOMMISSION DER EUROPÄISCHEN GEMEINSCHAFTEN, KOM (2002), 545 endg. (o. Fn. 11), 25.

[128] „Opinion of the European Group on Ethics" (o. Fn. 21), 15.

[129] In diesem Sinne gleichfalls Zwischenentscheidung der Einspruchsabteilung vom 21. Juli 2003 (o. Fn. 113), Ziff. 2.5.4 (Blatt 24); KRAUß/ENGELHARD (o. Fn. 127), 992; WEBBER (o. Fn. 6), 93; kritisch auch PLOMER et al. (o. Fn. 6), 34.

[130] Siehe nur PORTER et al. (o. Fn. 6), 654.

(1) Die Entscheidung des EPA zum *Edinburgh*-Patent

Das *Edinburgh*-Patent[131] bezog sich ursprünglich auf ein Verfahren, bei dem tierische, mithin auch menschliche Stammzellen unter Einschluss (human-)embryonaler Stammzellen so gentechnisch verändert werden, dass sie sich in einer Zellkultur von bereits differenzierten Zellen aussondern lassen[132]. Im Zuge des Verfahrens vor der Einspruchsabteilung des EPA wurde das Patent dann allerdings in der Weise eingeschränkt, dass vom Patentschutz nunmehr nur noch veränderte menschliche (oder tierische) Stammzellen unter Ausschluss human-embryonaler Stammzellen erfasst sind[133].

Von Interesse ist der Fall des *Edinburgh*-Patents im vorliegenden Zusammenhang gleichwohl wegen der Auslegung der beiden die Patentierung ausschließenden Tatbestände „Verwendung menschlicher Embryonen zu industriellen oder kommerziellen Zwecken" (i.S. von Art. 6 Abs. 2 *lit.* c BioPatRL, R. 28 *lit.* c AO-EPÜ, § 2 Abs. 2 Satz 1 Nr. 3 PatG) und „menschlicher Körper in den einzelnen Phasen seiner Entstehung und Entwicklung" (i.S. von Art. 5 Abs. 1 BioPatG, R. 29 Abs. 1 AO-EPÜ, § 1a Abs. 1 PatG). Nach Auffassung der Einspruchsabteilung des EPA soll nämlich das Verbot der Patentierung des „menschlichen Körpers in den einzelnen Phasen seiner Entstehung und Entwicklung" (gemäß Art. 5 Abs. 1 BioPatG, R. 29 Abs. 1 AO-EPÜ, § 1a Abs. 1 PatG) nicht nur für die Patentierung menschlicher Embryonen als solcher, sondern auch dann gelten, wenn *Verwendungen* menschlicher Embryonen Gegenstand der Patentanmeldung seien[134]. Für den besonderen Ausschlusstatbestand der „Verwendung menschlicher Embryonen zu industriellen oder kommerziellen Zwecken" (Art. 6 Abs. 2 *lit.* c BioPatRL, R. 28 *lit.* c AO-EPÜ, § 2 Abs. 2 Satz 1 Nr. 3 PatG) bleibe daher nur dann ein eigener Anwendungsbereich, wenn dieser Patentierungsausschluss weit ausgelegt werde – nämlich in dem Sinne, dass er nicht nur industrielle oder kommerzielle Verwendungen menschlicher Embryonen, sondern z.B. auch durch Zerstörung menschlicher Embryonen gewonnene human-embryonale Stammzellen umfasse[135].

Indes begegnet der von der Einspruchsabteilung des EPA im Fall des *Edinburgh*-Patents gewählte Begründungsansatz durchgreifenden Bedenken. Richtig ist nur,

---

[131] EP 0695351.

[132] Entgegen dem vielfach in der Öffentlichkeit erweckten Eindruck (siehe etwa RIEDEL, „Rechtspolitische Aspekte der Patentierung im Zusammenhang der Stammzellforschung", Jahrbuch für Wissenschaft und Ethik Bd. 9 [2004], 345 ff. [346]; vgl. auch KOMMISSION DER EUROPÄISCHEN GEMEINSCHAFTEN, KOM[2002], 545 endg. [o. Fn. 11], 24; LAURIE [o. Fn. 52], 62) war das Klonen von Menschen dagegen zu keinem Zeitpunkt des Verfahrens Gegenstand des angemeldeten Patents (EPA-Pressemitteilung vom 24.7.2002). Außerdem schränkte die Universität *Edinburgh* das ihr zunächst von der EPA-Prüfungsabteilung erteilte Patent freiwillig in der Weise ein, dass sich das Patent nicht auf Eingriffe in die menschliche Keimbahn erstrecken sollte (EPA-Pressemitteilung a.a.O.).

[133] EPA-Pressemitteilung vom 24.7.2002; WEBBER (o. Fn. 6), 95; näher TREICHEL (o. Fn. 56), 292.

[134] Zwischenentscheidung der Einspruchsabteilung vom 21. Juli 2003 (o. Fn. 113), Ziff. 2.5.3 (Blatt 22).

[135] Zwischenentscheidung der Einspruchsabteilung vom 21. Juli 2003 (o. Fn. 113), Ziff. 2.5.3 (Blatt 22).

dass das Verbot der Patentierung des „menschlichen Körpers in den einzelnen Phasen seiner Entstehung und Entwicklung" (Art. 5 Abs. 1 BioPatG, R. 29 Abs. 1 AO, § 1a Abs. 1 PatG) auch die Patentierung menschlicher Embryonen als solcher ausschließt[136]. Aus dem zusätzlichen, besonders normierten Ausschlusstatbestand der „Verwendung menschlicher Embryonen zu industriellen oder kommerziellen Zwecken" (Art. 6 Abs. 2 *lit.* c BioPatRL, R. 28 *lit.* c AO, § 2 Abs. 2 Satz 1 Nr. 3 PatG) ist aber gerade im Umkehrschluss zu folgern, dass der Ausschluss des „menschlichen Körpers in den einzelnen Phasen seiner Entstehung und Entwicklung" von der Patentierbarkeit (Art. 5 Abs. 1 BioPatG, R. 29 Abs. 1 AO, § 1a Abs. 1 PatG) nicht sogleich auch Verwendungen menschlicher Embryonen, sondern gerade nur menschliche Embryonen als solche erfassen soll, also ausschließlich dann greift, wenn als Gegenstand der Patentanmeldung menschliche Embryonen bezeichnet werden[137]. Denn „Verwendungen" menschlicher Embryonen werden speziell über die Liste der absolut nicht patentierbaren Erfindungen (vgl. Art. 6 Abs. 2 *lit.* c BioPatRL, R. 28 *lit.* c AO, § 2 Abs. 2 Satz 1 Nr. 3 PatG) erfasst.

Der Sinn und Zweck dieses besonderen, explizit auf Verwendungen menschlicher Embryonen bezogenen Listentatbestands besteht außerdem gerade darin, dass nicht etwa alle nur denkbaren Verwendungen menschlicher Embryonen, sondern nur deren Verwendungen „zu industriellen oder kommerziellen Zwecken" von der Patentierbarkeit absolut ausgeschlossen sein sollen[138]. Dieser Sinn und Zweck würde in sein Gegenteil verkehrt, wenn Patentanmeldungen, welche Verwendungen menschlicher Embryonen zum Gegenstand haben, schon umfassend, unabhängig von ihren Zwecksetzungen, vom Ausschlusstatbestand „menschlicher Körper in den einzelnen Phasen seiner Entstehung und Entwicklung" (Art. 5 Abs. 1 BioPatG, R. 23e Abs. 1 AO, § 1a Abs. 1 PatG) erfasst würden und infolgedessen abgelehnt werden müssten.

Zu recht hat deshalb die Prüfungsabteilung des EPA im Fall des von der *Wisconsin Alumni Research Foundation* (*WARF*) gestellten Patentantrags[139] nicht auf den von der Einspruchsabteilung des EPA gewählten Begründungsansatz zurückgegriffen, sondern einen eigenen Begründungsansatz entwickelt[140] – ohne damit freilich zu einem anderen Ergebnis in der Frage der Patentierbarkeit human-embryonaler Stammzellen als solcher zu gelangen.

(2) Die Entscheidung des EPA zum *WARF*-Patent

Den Gegenstand des sog. „*WARF*-Patents" bilden unter anderem auch human-embryonale Stammzellkulturen als solche. Nach der Ablehnung des Patentantrags durch die zuständige Prüfungsabteilung des EPA[141] ist das Verfahren (auf Beschwerde der *WARF*) nun vor einer Beschwerdekammer des EPA anhängig[142]. Am

---

[136] Hierzu oben in und bei Fn. 123.
[137] So auch PLOMER et al. (o. Fn. 6), 105.
[138] Dazu nochmals näher unten in und bei Fn. 175 bis 177.
[139] Anmeldenummer 96903521.1; Veröffentlichungsnummer EP0770125.
[140] Vgl. Ziff. 12 der Entscheidungsgründe.
[141] Entscheidung vom 13. Juli 2004.
[142] Az. T 1374/04 – 3.3.08.

7. April 2006 hatte die zuständige Kammer zentrale Fragen zur Auslegung von R. 28 *lit.* c AO-EPÜ der Großen Beschwerdekammer des EPA vorgelegt[143]. Eine an die Große Beschwerdekammer gerichtete Stellungnahme des Präsidenten des EPA vom 28. September 2006[144] unterstützte dabei die Rechtsauffassung der Prüfungsabteilung. Die Entscheidung der Großen Beschwerdekammer liegt seit 25. November 2008 vor.

Die Ablehnung der Patentanmeldung begründete die Prüfungsabteilung des EPA gleichfalls mit Verweis auf den Ausschluss der „Verwendung menschlicher Embryonen zu industriellen oder kommerziellen Zwecken" von der Patentierbarkeit gemäß R. 28 *lit.* c AO-EPÜ (entsprechend Art. 6 Abs. 2 *lit.* c BioPatRL, § 2 Abs. 2 Satz 1 Nr. 3 PatG). Nach Auffassung der Prüfungsabteilung beschränkt sich der Ausschluss der „Verwendung menschlicher Embryonen zu industriellen oder kommerziellen Zwecken" von der Patentierung nicht ausschließlich auf den im Patentantrag konkret bezeichneten Gegenstand, also vorliegend z.B. auf die human-embryonalen Stammzellkulturen als solche. Vielmehr beziehe sich der Ausschlusstatbestand der R. 28 *lit.* c AO-EPÜ i.V. mit Art. 53 *lit.* a EPÜ auf die Erfindung, wie sie in der Patentanmeldung offenbart worden sei[145]. Damit erstrecke sich der Ausschlusstatbestand auf alle Aspekte, welche den zu patentierenden Gegenstand für die Öffentlichkeit verfügbar machen, also nicht nur auf den Gegenstand als solchen, sondern auch auf die Methode zu seiner Gewinnung. Erfasse also die in der Patentanmeldung offenbarte Lehre zum technischen Handeln, dass die zu patentierenden Gegenstände, hier die human-embryonalen Stammzellkulturen, zu ihrer Gewinnung unabdingbar die Verwendung menschlicher Embryonen voraussetzen, dann sei der Ausschlusstatbestand der R. 28 *lit.* c AO-EPÜ insoweit erfüllt. Könne nämlich ein Fachmann, der die Erfindung ausführen bzw. wiederholen wolle, dieses Ziel nur dadurch erreichen, dass er (hier zur Erlangung der erfindungsgemäßen human-embryonalen Stammzellkulturen) den in der Patentanmeldung offenbarten besonderen Verfahrensschritten folge, und gebe die Patentanmeldung dem Fachmann kein anderes Ausgangsmaterial als menschliche Embryonen an die Hand, dann seien die zu patentierenden Gegenstände, hier die human-embryonalen Stammzellkulturen, untrennbar mit der Methode ihrer Gewinnung, d.h. vorliegend mit der Verwendung eines menschlichen Embryos als Ausgangsmaterial, verknüpft[146]. Dieser im EPA bisher vertretenen Rechtsauffassung ist – im Ansatz – zuzustimmen[147].

---

[143] Dort unter Az. G 2/06.

[144] „Comments by the President of the EPO" (o. Fn. 65).

[145] Ebenso „Comments by the President of the EPO" (o. Fn. 65), 28 f., 31; Ziff. 22 der Entscheidungsgründe der Entscheidung der Großen Beschwerdekammer vom 25. November 2008, Az. G 2/06.

[146] Ziff. 10-12 der Entscheidungsgründe; ebenso „Comments by the President of the EPO" (o. Fn. 65), 32, 42 f.; Ziff. 22, 25, 29 der Entscheidungsgründe der Entscheidung der Großen Beschwerdekammer vom 25. November 2008, Az. G 2/06.

[147] Vorsichtige Kritik aber bei LAURIE (o. Fn. 52), 62, 64, 65, die sich zwar auf die Entscheidung des EPA zum *Edinburgh*-Patent bezieht, aber auf die Ablehnung des *WARF*-Patents durch das EPA übertragbar erscheint: Die Interpretation des EPA stelle einen Einwand gegen die allgemeine instrumentelle Verwendung von Embryonen, aber nicht gegen die Gewährung des kon-

(3) „Verwendung von Embryonen" *conditio sine qua non* für gewerbliche Verwertung der Erfindung

Der Ausschlusstatbestand der „Verwendung menschlicher Embryonen zu industriellen oder kommerziellen Zwecken" (Art. 6 Abs. 2 *lit.* c BioPatRL, R. 28 *lit.* c AO, § 2 Abs. 2 Satz 1 Nr. 3 PatG) ist richtigerweise systematisch mit Blick auf die konkrete Normierung des allgemeinen *ordre public*- und Sittlichkeitsvorbehalt (Art. 6 Abs. 1 BioPatRL, Art. 53 *lit.* a EPÜ, § 2 Abs. 1 PatG) auszulegen[148]. Denn wie alle gelisteten ethisch motivierten Patentierungsausschlüsse soll auch der Ausschlusstatbestand der „Verwendung menschlicher Embryonen zu industriellen oder kommerziellen Zwecken" ein Regelbeispiel für einen Verstoß der gewerblichen Verwertung einer biotechnologischen Erfindung gegen den *ordre public* oder die „guten Sitten" darstellen[149].

Der Ausschlusstatbestand in Art. 6 Abs. 2 *lit.* c BioPatRL, R. 28 *lit.* c AO, § 2 Abs. 2 Satz 1 Nr. 3 PatG ist daher so zu lesen, dass er von einem *ordre public*- bzw. Sittlichkeitsverstoß i.S. des Art. 6 Abs. 1 BioPatRL, Art. 53 *lit.* a EPÜ, § 2 Abs. 1 PatG nur dann ausgeht und damit die Patentierung nur dann absolut ausschließt, wenn die gewerbliche Verwertung der Erfindung nicht anders denkbar ist als in der Weise, dass dazu menschliche Embryonen notwendig, d.h. unabdingbar und unmittelbar, sozusagen stets *de novo*, verwendet werden müssen. Kann die Verwendung von Embryonen nicht hinweggedacht werden, ohne dass die gewerbliche Verwertung der Erfindung entfiele, ist also die Verwendung menschlicher Embryonen *conditio sine qua non* für die jederzeitige gewerbliche Verwertung der Erfindung, dann ist das Tatbestandsmerkmal der „Verwendung menschlicher Embryonen" i.S. von Art. 6 Abs. 2 *lit.* c BioPatRL, R. 28 *lit.* c AO, § 2 Abs. 2 Satz 1 Nr. 3 PatG erfüllt[150].

Neue human-embryonale Stammzellen (bzw. Stammzellkulturen oder Stammzelllinien) können freilich – nach dem gegenwärtigen Stand von Wissenschaft und Technik – nicht nur unter Verwendung menschlicher, aus In-vitro-Fertilisation (IVF) hervorgegangener Embryonen, sondern auch aus embryonalen Keimzellen menschlicher Föten zur Verfügung gestellt werden. Vor allem lassen sich gewerb-

---

[148] kret angemeldeten Monopolrechts dar. Denn das mit dem Patent gewährte Monopolrecht beziehe sich nicht auf die gewerbliche Verwertung menschlicher Embryonen, sondern nur auf die gewerbliche Verwertung der human-embryonalen Stammzellen (die freilich nur unter Verwendung menschlicher Embryonen hervorgebracht werden könnten). Ob ein solcher Einwand bzw. die darauf bezogene Prüfung noch innerhalb der Zuständigkeiten der verschiedenen Spruchkörper des EPA liege, sei keineswegs klar.

[148] So im Ansatz auch BPatG, GRUR 2007, 1049 ff. (1051) m. Anm. DEDERER.

[149] Dazu schon oben in und bei Fn. 69.

[150] Diese Auslegung dürfte auch der Forderung entsprechen, dass ein Patentierungsverbot nur dann gerechtfertigt ist, wenn jede nur denkbare gewerbliche Verwertung gegen den *ordre public* bzw. die guten Sitten (ggf. im Lichte der ausdrücklichen bzw. gelisteten ethisch motivierten Patentierungsausschlüsse) verstößt (HERDEGEN [o. Fn. 76], 863; zustimmend MÜLLER [o. Fn. 56], 313; STRAUS [o. Fn. 31], 115 f.; in diesem Sinne wohl auch BPatG, GRUR 2007, 1049 ff. (1051) m. Anm. DEDERER, dass also die bloße Missbrauchsmöglichkeit nicht ausreicht, sofern nur wenigstens eine rechtmäßige bzw. moralisch vertretbare gewerbliche Verwertung in Betracht kommt (BÜHLER [o. Fn. 52], 564; TREICHEL [o. Fn. 56], 285).

lich zu verwendende human-embryonale Stammzellen von bereits existierenden Stammzellen bzw. Stammzellkulturen oder -linien abtrennen, so dass erneuter Embryonenverbrauch nicht erforderlich ist[151].

Die Gewinnung neuer human-embryonaler Stammzellen aus „therapeutischen Klonen" ist dagegen bisher nicht wissenschaftlich nachgewiesen. Entsprechende Veröffentlichungen[152] erwiesen sich als Fälschungen[153]. Abgesehen davon wäre auch ein therapeutischer Klon als menschlicher „Embryo" einzuordnen[154]. Darüber hinaus werden gegenwärtig Ansätze experimentell verfolgt, human-embryonale Stammzellen aus anderen menschlichen „embryonalen Entitäten" zu gewinnen, die mangels Totipotenz nicht als menschliche „Embryonen" zu qualifizieren sein könnten[155].

(4) Unbeachtlichkeit wissenschaftlich-technischer Entwicklung nach Patentanmeldung

Daran zeigt sich, dass es für die Subsumtion unter den Ausschlusstatbestand der „Verwendung menschlicher Embryonen zu industriellen oder kommerziellen Zwecken" entscheidend auf den Zeitpunkt der für den Patentierungsausschluss maßgeblichen Sachlage ankommt[156]: Beurteilt sich das Vorliegen des Ausschlusstatbestands nach der wissenschaftlich-technischen Sachlage im Zeitpunkt der Patentanmeldung oder nach der wissenschaftlich-technischen Sachlage im Zeitpunkt der Entscheidung über den Patentantrag? Im zuletzt genannten Zeitpunkt könnte der wissenschaftlich-technische Fortschritt z.B. so weit gediehen sein, dass sich human-embryonale Stammzellen gleichermaßen, insbesondere gleichwertig, aus IVF-Embryonen, therapeutischen Klonen, embryonalen Keimzellen von Föten wie aus anderen (nicht totipotenten und damit ethisch weniger „sensiblen") embryonalen Entitäten herstellen lassen[157].

---

[151] Siehe dazu auch unten in und bei Fn. 166 und 167.

[152] HWANG et al., „Patient-Specific Embryonic Stem Cells Derived from Human SCNT Blastocysts", Science 308 (2005), p. 1777 *et seq.*

[153] Hierzu etwa CHONG, „Hwang's Stem Cell Claims Further Discredited", ScienceNOW Daily News, 29 December 2005 (online: http://sciencenow.sciencemag.org/breaking_news/index.dtl); ders./NORMILE, „Stem Cells: How Young Korean Researchers Helped Unearth a Scandal", Science 311 (2006), 22 ff.; CYRANOSKI, „Blow follows blow for stem-cell work", Nature 439 (2006), p. 8.

[154] Dazu unten unter 4.2.

[155] Hierzu nochmals näher unten in und bei Fn. 204 bis 208.

[156] Davon zu unterscheiden ist die Frage, welcher Zeitpunkt für den Prüfungsmaßstab „*ordre public*" bzw. „gute Sitten" maßgeblich ist. Insoweit kommt es in der Tat auf den Zeitpunkt der Entscheidung des Patentamts über die Patentanmeldung bzw. auf den Zeitpunkt der letzten mündlichen Verhandlung z.B. im Rahmen einer Nichtigkeitsklage an. Ebenso z.B. „Comments by the President of the EPO" (o. Fn. 65), 31; BPatG, GRUR 2007, 1049 ff. (1051) m. Anm. DEDERER; offen gelassen in Ziff. 31 der Entscheidungsgründe der Entscheidung der Großen Beschwerdekammer vom 25. November 2008, Az. G 2/06.

[157] Vgl. auch „Comments by the President of the EPO" (o. Fn. 65), 29 f.

Richtigerweise ist auf den Zeitpunkt der Patentanmeldung abzustellen[158]. Für die Frage des *ordre public*- bzw. Sittenverstoßes, sei es gemäß der Generalklausel (in Art. 6 Abs. 1 BioPatRL, Art. 53 *lit.* a EPÜ, § 2 Abs. 1 PatG), sei es gemäß einem ausdrücklichen bzw. gelisteten, absoluten Patentierungsausschluss (in Art. 5 Abs. 1, 6 Abs. 2 BioPatRL, R. 28, 29 Abs. 1 AO-EPÜ, §§ 1a Abs. 1, 2 Abs. 2 Satz 1 PatG), kommt es auf die gewerbliche Verwertung der „Erfindung" an. Maßgeblich ist also die „Erfindung". Sie wird in der Patentanmeldung konkret beschrieben. Dann aber liegen spätere wissenschaftlich-technische Entwicklungen jenseits der offenbarten Erfindung und sind daher nicht mehr beachtlich[159].

(5) Maßgeblichkeit der Beschreibung der Erfindung in der Patentanmeldung

Für die Beurteilung, ob die gewerbliche Verwertung der Erfindung gegen den *ordre public* bzw. die „guten Sitten" verstößt, sei es i.S. der Generalklausel (Art. 6 Abs. 1 BioPatRL, Art. 53 *lit.* a EPÜ, § 2 Abs. 1 PatG), sei es i.S. eines ausdrücklichen bzw. gelisteten, absoluten Patentierungsausschlusses (Art. 5 Abs. 1, 6 Abs. 2 BioPatRL, R. 28, 29 Abs. 1 AO-EPÜ, §§ 1a Abs. 1, 2 Abs. 2 Satz 1 PatG), kommt es auf die Erfindung an, wie sie in zuletzt gültiger Weise in der Patentanmeldung beschrieben worden ist. Insoweit ist zu beachten, dass die Beschreibung der Erfindung zeitlich begrenzt, nämlich im Verlauf des Prüfungsverfahrens, noch geändert werden kann (vgl. R. 137 Abs. 2 und 3 AO-EPÜ, § 38 Satz 1 PatG).

Beachtlich sind zwar auch die Patentansprüche[160]. Für die Beurteilung eines Verstoßes gegen den *ordre public* bzw. die „guten Sitten" können aber die in der Patentanmeldung geltend gemachten Patentansprüche in jedem Fall nicht alleine maßgeblich sein. Denn in den Patentansprüchen verwirklicht sich die Schutzfunktion des

---

[158] Ebenso „Comments by the President of the EPO" (o. Fn. 65), 29 f., 31; Ziff. 33 f. der Entscheidungsgründe der Entscheidung der Großen Beschwerdekammer vom 25. November 2008, Az. G 2/06; a.A. offenbar BPatG, GRUR 2007, 1049 ff. (1051) m. Anm. DEDERER: maßgeblich sei im Fall einer Nichtigkeitsklage der Zeitpunkt des Schlusses der mündlichen Verhandlung.

[159] A.A. GRUND/KELLER (o. Fn. 127), 56; ebenso a. A., aber deshalb auch unklar BPatG, GRUR 2007, 1049 ff. (1051) m. Anm. DEDERER. Das Gericht will einerseits „Änderungen … der tatsächlichen Umstände, z.B. technische Fortentwicklungen, … bei der Entscheidung [über die Nichtigkeitsklage] auch mit Wirkung zugunsten des Patentinhabers […] berücksichtigen" (a.a.O., 1051), andererseits den „bestimmungsgemäßen Gebrauch, wie er sich aus den Patentansprüchen und der Beschreibung ergibt", als maßgeblich für einen Patentierungsausschluss nach § 2 Abs. 1 PatG ansehen (a.a.O., 1051). So verwirft das Gericht im konkreten Fall des *Brüstle*-Patents die Berücksichtigung neuartiger „alternative[r] Verfahren" der Stammzellgewinnung gerade mit Rücksicht auf die Beschreibung der Erfindung in der Patentanmeldung, „weil die so [*sc.* alternativ] gewonnenen Zellen … keine menschlichen embryonalen Stammzellen aus Embryonen nach der Definition des Streitpatents sind" (a.a.O., 1052). Unklar ist, wie das Bundespatentgericht neue wissenschaftliche Erkenntnisse oder technische Fortentwicklungen zugunsten des Patentanmelders berücksichtigen will, wenn es den Anmelder an seiner Patentbeschreibung festhält, der notwendig ein älterer Stand von Wissenschaft oder Technik zugrunde liegt. Das gilt zumal dann, wenn „Patentschriften im Hinblick auf die dort gebrauchten Begriffe … gleichsam ihr eigenes Lexikon dar[stellen], so dass letztlich nur der sich aus der Patentschrift ergebende Begriffsinhalt maßgeblich ist" (a.a.O., 1052).

[160] BPatG, GRUR 2007, 1049 ff. (1051) m. Anm. DEDERER.

Patents. Der Patentschutz wird dem Inhaber des Patents aber nur gegen Offenlegung seiner Erfindung gewährt. In dieser Offenlegung der Erfindung realisiert sich die Informationsfunktion eines Patents. Der Informationsfunktion aber dient die Beschreibung der Erfindung, welche den Fachmann über die Natur der Erfindung unterrichtet – und ihn insbesondere bei der Ausführung der Erfindung zum Zweck ihrer gewerblichen Verwertung anleitet[161].

(6) Keine Beschränkung des Patentierungsausschlusses auf Verfahrenspatente

Da deshalb (vor allem) auf die Beschreibung der Erfindung in der Patentanmeldung abzustellen ist, gelangt der Ausschlusstatbestand der „Verwendung menschlicher Embryonen zu industriellen oder kommerziellen Zwecken" nicht etwa wegen des Begriffs „Verwendung" allein auf Verfahrenspatente zur Anwendung[162]. Vielmehr ist der Ausschlusstatbestand dann erfüllt, wenn die gewerbliche Verwertung der Erfindung, sei es durch den Patentinhaber, sei es durch einen Lizenznehmer, nach der Patentbeschreibung gar nicht anders möglich ist als dadurch, dass der Gegenstand der Erfindung erst erzeugt werden muss und zu diesem Zweck kein Weg an der Verwendung menschlicher Embryonen vorbeiführt, die Verwendung menschlicher Embryonen mithin integraler Bestandteil der gewerblichen Verwertung der Erfindung ist, wie sie in der Patentanmeldung konkret beschrieben wird[163]. Die eigentlich allein zu patentierenden Erzeugnisse, die human-embryonalen Stammzellen bzw. -kulturen oder -linien, können dann nicht vom Embryonen verwendenden Verfahren ihrer Herstellung abstrahiert werden, weil und soweit ihre (dabei der Beschreibung der Erfindung in der Patentanmeldung folgende) Herstellung für die gewerbliche Verwertung der Erfindung jeweils zwingend und hierfür die Verwendung menschlicher Embryonen *conditio sine qua non* ist.

Dass der Patentierungsausschluss in Art. 6 Abs. 2 *lit.* c BioPatRL, R. 28 *lit.* c AO, § 2 Abs. 2 Satz 1 Nr. 3 PatG nicht auf Verfahrenspatente beschränkt ist, bestätigt nicht zuletzt auch dessen Entstehungsgeschichte. War ursprünglich von „Methoden" die Rede („bei denen menschliche Embryonen verwendet werden")[164], entschied sich der Gemeinsame Standpunkt des Ministerrates für den offeneren Wortlaut „Verwendungen" (von Embryonen)[165].

---

[161] CRESPI (o. Fn. 6), 118.

[162] Ebenso EPA-Beschwerdekammer, T 1374/04 – 3.3.08, Rn. 39 ff. der Gründe; „Comments by the President of the EPO" (o. Fn. 65), 29, 42 (dort mit Verweis auf die Entstehungsgeschichte); in diesem Sinne auch BPatG, GRUR 2007, 1049 ff. (1053) m. Anm. DEDERER; siehe auch CRESPI (o. Fn. 6), 118; a.A. *Amicus curiae* submission of the United Kingdom (o. Fn. 82), Ziff. 36, 39; BÜHLER (o. Fn. 52), 574; PLOMER et al. (o. Fn. 6), 78.

[163] In diesem Sinne auch „Comments by the President of the EPO" (o. Fn. 65), 32, 42 f.; Ziff. 22, 25 der Entscheidungsgründe der Entscheidung der Großen Beschwerdekammer vom 25. November 2008, Az. G 2/06.

[164] Art. 9 Abs. 2 *litt.* ba BioPatRL i.d.F. der Legislativen Entschließung mit der Stellungnahme des Europäischen Parlaments zu dem Vorschlag für eine Richtlinie des Europäischen Parlaments und des Rates über den rechtlichen Schutz biotechnologischer Erfindungen (KOM(95)0661 C4-0063/96 95/0350 (COD)), ABl. Nr. C 286 vom 22.9.1997, 87.

[165] Art. 6 Abs. 2 *lit.* c BioPatRL i.d.F. des Gemeinsamen Standpunkts (EG) Nr. 19/98 (o. Fn. 123).

(7) Folgerungen für das *WARF*-Patent

Wegen der Maßgeblichkeit der Beschreibung der Erfindung in der Patentanmeldung kommt es auf außerhalb der Patentanmeldung liegende tatsächliche Umstände nicht an. Daher ist deren weitere Entwicklung ab dem Zeitpunkt der zuletzt gültigen Patentanmeldung ohne Bedeutung und infolgedessen bei der Patenterteilung nicht zu berücksichtigen. Ob Wissenschaft und Technik mittlerweile andere, ethisch unbedenkliche, alternative Arten der Gewinnung bzw. Verfügbarkeit human-embryonaler Stammzellen erfunden haben, ist daher im Fall des *WARF*-Patents unbeachtlich.

Konkret in Bezug auf das *WARF*-Patent ist freilich zu bedenken, dass weder der Patentinhaber noch etwaige Lizenznehmer menschliche Embryonen verwenden (und dabei zerstören) müssen, um die Erfindung, die human-embryonalen Stammzellkulturen, gewerblich zu verwerten. Vielmehr können sie gerade auf die vom Erfinder *James A. Thomson* etablierten, fortexistierenden human-embryonalen Stammzellen zugreifen[166]. Zu den charakteristischen Eigenschaften human-embryonaler Stammzellen gehört ja in der Tat deren im Prinzip unbegrenzte Vermehrungsfähigkeit[167].

Andererseits ist zu bedenken, dass die vom Erfinder etablierten Stammzellkulturen aus welchen Gründen auch immer (z.B. wegen mangelnder „Pflege“, eines technischen Versagens oder eines Unfalls) gleichwohl vollständig verloren gehen könnten. Eine gewerbliche Verwertung der erfindungsgemäßen, der konkreten Patentschrift folgend hergestellten human-embryonalen Stammzellkulturen wäre dann wieder nur unter erneuter (verbrauchender) Verwendung menschlicher Embryonen möglich.

Im Fall des *WARF*-Patents ist also die Patentschrift ihrem Wortlaut nach, um dem Verdikt eines Verstoßes gegen den *ordre public* bzw. die „guten Sitten“ im Lichte von Art. 6 Abs. 2 *lit.* c BioPatRL, R. 28 *lit.* c AO-EPÜ, § 2 Abs. 2 Satz 1 Nr. 3 PatG zu entgehen, so einzuschränken, dass den Patentansprüchen ein „ethischer Disclaimer“ beigefügt wird[168]. Dieser könnte z.B. so formuliert werden, dass die Patentansprüche nur mit der Maßgabe gelten, dass die Erfindung nicht die erneute Verwendung (Zerstörung) menschlicher Embryonen zum Zweck der Erzeugung erfindungsgemäßer Stammzellkulturen einschließt. Patentgeschützt wären damit nur die von *James A. Thomson* 1998 erzeugten sechs Stammzellkulturen bzw. deren Verwendung. Dagegen fielen in den Schutzbereich des *WARF*-Patents nicht auch solche weiteren Stammzellkulturen, die zwar an sich den Patentansprüchen entsprächen, aber vom Patentinhaber, einem Lizenznehmer oder auch Dritten zu einem späteren Zeitpunkt unter Verwendung menschlicher Embryonen *de novo* erzeugt werden.

---

[166] So auch *Amicus curiae* submission of the United Kingdom (o. Fn. 82), Ziff. 52.

[167] NATIONAL INSTITUTE OF HEALTH (NIH)“, „Stem Cells: Scientific Progress and Future Research Directions, 2001, p. 14 (online: http://stemcells.nih.gov/info/scireport).

[168] Darin zeigt sich die enorme Bedeutung, welche der Formulierung der Beschreibung der Erfindung und Patentansprüche in der Patentanmeldung zukommt. Vgl. zum Erfordernis von „Wortlaut-Strategien“ auch PORTER et al. (o. Fn. 6), 653 f.

Nicht maßgeblich kann dagegen nach der hier vertretenen Auslegung von Art. 6 Abs. 2 *lit.* c BioPatRL, R. 28 *lit.* c AO-EPÜ, § 2 Abs. 2 Satz 1 Nr. 3 PatG sein, dass die bereits etablierten und damit gewerblich verwertbaren Stammzellkulturen in der Vergangenheit durch Embryonenverwendung erzeugt worden und deshalb mit einem „sittlichen Makel" behaftet sind[169]. Denn der Ausschlusstatbestand (Art. 6 Abs. 2 *lit.* c BioPatRL, R. 28 *lit.* c AO-EPÜ, § 2 Abs. 2 Satz 1 Nr. 3 PatG) setzt voraus, dass in der Zukunft im Zuge der gewerblichen Verwertung der patentierten Erfindung menschliche Embryonen verwendet werden (müssten)[170].

Auf den soeben für das *WARF*-Patent vorgeschlagenen „Disclaimer" kommt es freilich dann nicht an, wenn eine im Zusammenhang mit der gewerblichen Verwertung der erfindungsgemäßen Stammzellkulturen notwendig werdende (verbrauchende) Embryonenverwendung ohnehin nicht „zu industriellen oder kommerziellen Zwecken" erfolgt. Denn über die „Verwendung menschlicher Embryonen" hinaus setzt der Ausschlusstatbestand in Art. 6 Abs. 2 *lit.* c BioPatRL, R. 28 *lit.* c AO-EPÜ, § 2 Abs. 2 Satz 1 Nr. 3 PatG – kumulativ – voraus, dass die Embryonen spezifisch „zu industriellen oder kommerziellen Zwecken" verwendet werden.

b Tatbestandsmerkmal „zu industriellen oder kommerziellen Zwecken"

(1) Begriff des „industriellen" und des „kommerziellen" Zwecks

Dabei liegt eine Embryonenverwendung zu „kommerziellen" Zwecken dann vor, wenn menschliche Embryonen Gegenstand von (auf Gewinnerzielung gerichteten) Handelsgeschäften sein sollen. Zu „industriellen" Zwecken werden Embryonen verwendet, wenn beabsichtigt ist, die menschlichen Embryonen wiederholt als Ausgangsmaterial in mechanischen, chemischen oder sonst technischen Verfahren einzusetzen[171].

(2) Verfolgung „industrieller" oder „kommerzieller" Zwecken nicht schon wegen „gewerblicher" Anwendbarkeit der Erfindung

Hiervon abweichend vertritt die Einspruchabteilung des EPA in ihrer Entscheidung über die Ablehnung des *WARF*-Patents offenbar die Auffassung[172], dass die Verwendung eines Embryos als Ausgangsmaterial für die Gewinnung der in der Patentanmeldung als „gewerblich anwendbar" beschriebenen human-embryonalen Stammzellen, mit einer Verwendung des Embryos zu „industriellen" Zwecken gleichzusetzen sei.

Diese Meinung ist jedoch abzulehnen. Denn die „industrielle" (oder „kommerzielle") Zwecksetzung einer Embryonenverwendung vermag nicht schon unmittelbar

---

[169] Im selben Sinne auch STRAUS (o. Fn. 31), 129; ferner BÜHLER (o. Fn. 52), 565 ff., 581 f.; a.A. BPatG, GRUR 2007, 1049 ff. (1054) m. Anm. DEDERER.

[170] Hierzu nochmals näher unten in und bei Fn. 246 bis 251.

[171] PLOMER et al. (o. Fn. 6), 74; gegen eine solche eher enge Auslegung des Begriffs „industriell" aber z.B. CRESPI (o. Fn. 6), 118.

[172] Ziff. 9 der Entscheidungsgründe; wohl auch Ziff. 25 der Entscheidungsgründe der Entscheidung der Großen Beschwerdekammer vom 25. November 2008, Az. G 2/06; ferner STERCKX (o. Fn. 63), 484.

daraus gefolgert zu werden, dass die human-embryonalen Stammzellen im Patentantrag als „gewerblich anwendbar" beschrieben worden sind. Zwar kann hierfür nicht allein schon auf den Wortlaut verwiesen werden, der ja zwischen „industriell" bzw. „kommerziell" (in Art. 6 Abs. 2 *lit.* c BioPatRL, R. 28 *lit.* c AO-EPÜ, § 2 Abs. 2 Satz 1 Nr. 3 PatG) einerseits und „gewerblich" (in Art. 3 Abs. 1 BioPatRL, Art. 52 Abs. 1 EPÜ, § 1 Abs. 1 PatG) andererseits unterschiedet. Denn zumindest in der Biopatentrichtlinie der EG findet sich diese an sich klare terminologische Differenzierung, soweit ersichtlich, nur in ihrem deutschen Wortlaut wieder. Demgegenüber wird in den anderen EU-Sprachen sowohl bei den allgemeinen Patentierungsvoraussetzung des Art. 3 Abs. 1 BioPatRL als auch beim ethisch motivierten Patentierungsausschluss des Art. 6 Abs. 2 *lit.* c BioPatRL jeweils der Begriff „industriell" verwendet (z.B. in der englischen Fassung „susceptible of industrial application" in Art. 3 Abs. 1 BioPatRL und „for industrial ... purposes" in Art. 6 Abs. 2 *lit.* c BioPatRL).

Wie indes Erwägungsgrund 42 BioPatRL zeigt, kann eine auf die Verwendung menschlicher Embryonen bezogene Erfindung, die in erster Linie „therapeutische" oder „diagnostische" Zwecke verfolgt, patentierbar sein, mithin in der Patentanmeldung unproblematisch als „gewerblich anwendbar" beschrieben werden. Bereits daraus folgt, dass eine menschliche Embryonen verwendende, in der Patentanmeldung als „gewerblich anwendbar" beschriebene Erfindung jedenfalls nicht sogleich bedeutet, dass die menschlichen Embryonen im Zuge der gewerblichen Anwendung der Erfindung auch einzig und allein zu „industriellen" oder „kommerziellen" Zwecken verwendet würden[173]. Darüber hinaus wäre die besondere Erwähnung der „industriellen" bzw. „kommerziellen" Zwecksetzung im Tatbestand des Patentierungsausschlusses Art. 6 Abs. 2 *lit.* c BioPatRL, R. 28 *lit.* c AO-EPÜ, § 2 Abs. 2 Satz 1 Nr. 3 PatG ohne eigene Bedeutung, würde sich diese Zwecksetzung ohnehin für jeden Patentantrag schon aus der Beschreibung der „gewerblichen" Anwendbarkeit der zu patentierenden Erfindung als einer der allgemeinen Patentierungsvoraussetzungen ergeben[174].

(3) Keine Embryonenverwendung „zu industriellen oder kommerziellen Zwecken" bei primär therapeutischer oder diagnostischer Zwecksetzung

Vor allem würde auch nicht dem vom Gemeinschaftsgesetzgeber intendierten Sinn der ausdrücklich in den Ausschlusstatbestand aufgenommenen Zwecksetzung entsprochen, der gerade darin besteht, den an die „Verwendung menschlicher Embryonen" anknüpfenden Patentierungsausschluss zu begrenzen. Dies erhellt aus der Entstehungsgeschichte der Biopatentrichtlinie. Denn ursprünglich sollte der Patentierungsausschluss auf Anregung des Europäischen Parlaments ganz allgemein „Methoden, bei denen menschliche Embryonen verwendet werden", betreffen[175].

---

[173] In diesem Sinn zunächst auch BPatG, GRUR 2007, 1049 ff. (1053 f.) m. Anm. DEDERER.

[174] Ebenso PLOMER et al. (o. Fn. 6), 73.

[175] Art. 9 Abs. 2 *litt.* ba BioPatRL i.d.F. der Legislativen Entschließung mit der Stellungnahme des Europäischen Parlaments zu dem Vorschlag für eine Richtlinie des Europäischen Parlaments und des Rates über den rechtlichen Schutz biotechnologischer Erfindungen (KOM(95)0661 C4-0063/96 95/0350 (COD)), ABl. Nr. C 286 vom 22.9.1997, 87.

Erst im anschließenden Gemeinsamen Standpunkt des Ministerrates erhielt der Ausschlussgrund die jetzige Fassung[176], um eben nicht schlechthin alle, sondern nur bestimmte Verwendungen menschlicher Embryonen von der Patentierbarkeit auszuschließen[177]. Beispielhaft für solche nach dem Willen des Gemeinschaftsgesetzgebers auf jeden Fall patentierbaren, ethisch unbedenklichen Verwendungen menschlicher Embryonen nennt Erwägungsgrund 24 BioPatRL „Erfindungen, die therapeutische oder diagnostische Zwecke verfolgen und auf den menschlichen Embryo zu dessen Nutzen angewandt werden".

Typischerweise dürften – gerade weil die „gewerbliche Anwendbarkeit" einer Erfindung notwendige Patentierungsvoraussetzung ist (und der Patentschutz dem Inhaber die einstweilen alleinige gewerbliche Verwertung einer Erfindung sichern soll) – mit einer zur Patentierung angemeldeten Erfindung neben etwaigen therapeutischen oder diagnostischen Zwecken andererseits immer auch kommerzielle Zwecke verfolgt werden[178]. Um dem Willen des Gemeinschaftsgesetzgebers Rechnung zu tragen, sind daher von der Patentierbarkeit lediglich solche Verwendungen menschlicher Embryonen auszuschließen, mit welchen spezifisch und ausschließlich „industrielle" oder „kommerzielle" Zwecke verfolgt werden (können), bei welchen also der „industrielle" oder „kommerzielle" Zweck der einzig und allein denkbare Zweck der Embryonenverwendung sein kann[179]. In solchen Fällen wäre in der Tat von einer Instrumentalisierung in Gestalt einer Kommerzialisierung menschlicher Embryonen, welche der Gemeinschaftsgesetzgeber offenbar als ethisch inakzeptabel mit Art. 6 Abs. 2 *lit.* c BioPatRL verhindert wissen wollte[180], auszugehen. Ist dagegen primär ein anderer, z.B. therapeutischer oder diagnostischer Zweck der Verwendung menschlicher Embryonen denkbar, greift der Ausschlusstatbestand des Art. 6 Abs. 2 *lit.* c BioPatRL, R. 28 *lit.* c AO-EPÜ, § 2 Abs. 2 Satz 1 Nr. 3 PatG nicht ein.

(4) Problematik fremdnütziger Embryonenverwendung bei therapeutischer oder diagnostischer Zwecksetzung

Dabei kommt es nicht weitergehend darauf an, dass die Erfindung den konkret verwendeten Embryonen[181] (oder auch nur irgendwann anderen, dritten Embryonen[182]) zu gute kommt. Dieser Auffassung steht Erwägungsgrund 42 BioPatRL nicht entgegen, wonach der Patentierungsausschluss des Art. 6 Abs. 2 *lit.* c BioPatRL „auf keinen Fall für Erfindungen [gelten soll], die therapeutische oder diagnostische

---

[176] Art. 6 Abs. 2 *lit.* c BioPatRL i.d.F. des Gemeinsamen Standpunkts (EG) Nr. 19/98 (o. Fn. 123).

[177] Vgl. Ziff. 37 der Begründung des Rates im Gemeinsamen Standpunkt (EG) Nr. 19/98 (o. Fn. 123).

[178] In diesem Sinne auch „Comments by the President of the EPO" (o. Fn. 65), 44; HERDEGEN (o. Fn. 76), 862; siehe auch NATIONALER ETHIKRAT (o. Fn. 21), 32.

[179] Ebenso HERDEGEN (o. Fn. 76), 862; siehe auch „Comments by the President of the EPO" (o. Fn. 65), 45; in diesem Sinne wohl auch BÜHLER (o. Fn. 52), 576.

[180] Siehe „Comments by the President of the EPO" (o. Fn. 65), 41.

[181] So BPatG, GRUR 2007, 1049 ff. (1053 f.) m. Anm. DEDERER; „Comments by the President of the EPO" (o. Fn. 65), 45; MOUFANG (o. Fn. 60), 5; wohl auch Ziff. 27 der Entscheidungsgründe der Entscheidung der Großen Beschwerdekammer vom 25. November 2008, Az. G 2/06.

Zwecke verfolgen und auf den menschlichen Embryo zu dessen Nutzen angewandt werden". Denn Erwägungsgrund 42 BioPatRL ist nicht etwa zu entnehmen, dass „industrielle" oder „kommerzielle" Zwecke bei einer Verwendung menschlicher Embryonen lediglich dann nicht verfolgt werden, wenn – kumulativ – die Erfindung therapeutischen oder diagnostischen Zwecken dient „und" insoweit auf den menschlichen Embryo lediglich zu dessen Nutzen angewandt wird[183]. Der Erwägungsgrund 42 BioPatRL weist vielmehr, wie auch sein Wortlaut („auf keinen Fall") nahe legt, nur erläuternd auf eine besonders klare Konstellation hin, in der menschliche Embryonen offensichtlich nicht ausschließlich zu industriellen oder gewerblichen Zwecken verwandt werden.

Dass mithin selbst fremdnützige Embryonenverwendungen zu therapeutischen oder diagnostischen Zwecken Dritter die Patentierbarkeit nicht gemäß Art. 6 Abs. 2 *lit.* c BioPatRL, R. 28 *lit.* c AO-EPÜ, § 2 Abs. 2 Satz 1 Nr. 3 PatG hindern, steht im Einklang mit dem Umstand, dass sich ein gemeineuropäischer bioethischer Konsens[184], der Verwendungen menschlicher Embryonen ausschließlich zu Zwecken Dritter als sozialethisch schlechthin unerträglich und verwerflich begreifen würde, eben gerade nicht nachweisen lässt[185]. Im Gegenteil nimmt z.B. sogar der Kreis derjenigen Staaten Europas zu, welche die Gewinnung human-embryonaler Stammzellen unter Verbrauch überzähliger IVF-Embryonen zu Zwecken der Forschung unter strikten Voraussetzungen, mithin eine Form offensichtlich fremdnütziger Embryonenverwendung gestatten. Es erscheint nahe liegend, dass diese Staaten dann auch die gewerbliche Verwertung der aus dieser Forschung hervorgegangenen Erfindungen nicht missbilligen (werden), selbst wenn nach der Beschreibung in der Patentanmeldung integraler Bestandteil der entsprechenden Erfindungen stets eine fremdnützige, d.h. nicht dem konkret betroffenen Embryo nützliche, sondern therapeutischen oder diagnostischen Zwecken Dritter dienende Embryonenverwendung ist[186]. Dies erscheint für die betreffenden Staaten auch ethisch konsistent[187]. Denn offenbar gelten in diesen Staaten keine solchen rechtlichen oder moralischen Fundamentalnormen, die eine fremdnützige Verwendung menschlicher Embryonen kategorisch verbieten. Vielmehr erscheinen in den jeweiligen Rechts- und Moralordnungen Instrumentalisierungen menschlicher Embryonen, die sich nicht in reiner Kommerzialisierung („Geld-" bzw. „Geschäftemacherei") erschöpfen, sondern

---

[182] So z.B. SPRANGER (o. Fn. 59), 252, 254; wohl auch HERDEGEN (o. Fn. 76), 862; siehe zur Problematik auch SPRANGER, „Das Rechtsinstrument der Patentierung im Zusammenhang der Biotechnologie: Grundlagen und Grenzen", Jahrbuch für Wissenschaft und Ethik Bd. 9 (2004), 263 ff. (272 ff.).

[183] Im Ergebnis wie hier PLOMER et al. (o. Fn. 6), 76.

[184] Zu diesem Erfordernis im Zusammenhang mit den ethisch motivierten Patentierungsausschlüssen in Art. 6 Abs. 2 BioPatRL, R. 28 AO-EPÜ, § 2 Abs. 2 Satz 1 PatG oben in und bei Fn. 81 bis 82.

[185] So auch *Amicus curiae* submission of the United Kingdom (o. Fn. 82), Ziff. 43 und 48.

[186] Gerade in diesem Sinne z.B. *Amicus curiae* submission of the United Kingdom (o. Fn. 82), Ziff. 28: "The ultimate aim of such research is, of course, the commercial production and supply of therapies for serious disease."

[187] LAURIE (o. Fn. 52), 65.

sittlich guten Zwecken, wie z.B. der Therapie oder Diagnose schwerer, bisher unheilbarer Krankheiten dienen, vom Prinzip her rechtlich vertretbar wie ethisch akzeptabel. Zuzugestehen, dass zwar einerseits kein gemeineuropäischer bioethischer Konsens für den Bereich der Verwendung menschlicher Embryonen zu *Forschungs*zwecken nachgewiesen werden kann, andererseits zu postulieren, dass ein gemeineuropäischer bioethischer Konsens gleichwohl dahingehend bestehen könne, welcher die *gewerbliche* Verwertung von (existierenden oder jeweils neu erzeugten) human-embryonalen Stammzellen, etwa im Rahmen ärztlicher Therapie oder Diagnose bei schweren, bisher unheilbaren Krankheiten, als rechtlich oder moralisch verwerflich einstuft[188], hat danach wenig Plausibilität für sich.

Tatsächlich sollte auch die bewusste, im Verlauf des Rechtsetzungsverfahrens auf Gemeinschaftsebene eingefügte Restriktion des Ausschlussgrunds in Art. 6 Abs. 2 *lit.* c BioPatRL (entsprechend R. 28 *lit.* c AO-EPÜ, § 2 Abs. 2 Satz 1 Nr. 3 PatG) auf Embryonenverwendungen „zu industriellen oder kommerziellen Zwecken" dazu dienen, nicht solche Erfindungen von der Patentierbarkeit auszuschließen, deren gewerbliche Verwertung in einigen der EG-Mitgliedstaaten, namentlich Großbritannien, als mit deren *ordre public* und deren „guten Sitten" vereinbar angesehen wird[189]. Rechnung getragen werden sollte also gerade dem Umstand, dass ein gemeineuropäischer bioethischer Konsens dort nicht mehr besteht, wo es um die (gewerbliche) Verwendung menschlicher Embryonen zu Zwecken der Therapie z.B. schwerer, bisher unheilbarer Krankheiten geht.

Unterstützend kann für die hier vertretene Auffassung auch auf die Rechtsprechung des EGMR zurückgegriffen werden. Der EGMR hat im Wege des Rechtsvergleichs festgestellt, dass in Europa schon keine Übereinstimmung in Bezug auf den rechtlichen und moralischen Status des menschlichen Embryos besteht[190]. Aus einer gesamteuropäischen Perspektive hat der EGMR daher entschieden, dass der Embryo nicht als „Person" aufgefasst werden könne, welcher das Recht auf Leben aus Art. 2 EMRK (und die daraus auch folgende staatliche Schutzpflicht) zukomme[191]. Diese zunächst auf den Embryo *in utero* bezogene Aussage hat der

---

[188] Vgl. hierzu auch MOUFANG (o. Fn. 60), 4, im Zusammenhang mit der Unterscheidung zwischen „Ausführung" und „gewerblicher Verwertung" einer Erfindung bei der Prüfung des allgemeinen *ordre public*- und Sittlichkeitsvorbehalts. Danach werde in der patentrechtlichen Praxis und Literatur bisher nur die Unvereinbarkeit der „Ausführung", nicht aber die Unvereinbarkeit spezifisch (und dem patentrechtlichen Wortlaut eigentlich entsprechend) der „gewerblichen Verwertung" der Erfindung mit dem *ordre public* bzw. den „guten Sitten" geprüft. Würde aber die „gewerbliche Verwertung" geprüft, könnte im vorliegenden Zusammenhang (in Abwandlung des von MOUFANG gewählten Beispiels) folgender Argumentationsgang beschritten werden: Der europäische *ordre public* lässt es vielleicht gerade noch zu, dass Staaten die Verwendung von Embryonen zu Forschungszwecken unter strengen Voraussetzungen nicht (bei Strafe) verbieten, lässt es aber nicht mehr zu, dass die Verwendung von Embryonen (und sei es zu therapeutischen oder diagnostischen Zwecken bei schweren, bisher unheilbaren Krankheiten) vermarktet wird.

[189] Näher PLOMER et al. (o. Fn. 6), 75 f. m.w.N.

[190] Ebenso „Opinion of the European Group on Ethics" (o. Fn. 21), 13.

[191] EGMR (Große Kammer), *Vo. v. France*, Appl. No. 53924/00, EuGRZ, 2005, 568 ff., Rn. 84.

EGMR[192] auf den Embryo *in vitro* erstreckt[193]. Dies bedeutet, dass eine Verletzung des Lebensrechts aus Art. 2 EMRK z.B. dann nicht festgestellt werden kann, wenn ein oder mehrere Vertragsstaaten erlauben, dass menschliche Embryonen fremdnützig, aber unter strengen Voraussetzungen zu hochrangigen Forschungszwecken eingesetzt oder zu therapeutischen bzw. diagnostischen Zwecken gewerblich verwendet (und dabei jeweils ggf. verbraucht) werden.

Insoweit folgt auch nichts anderes aus der Biomedizinkonvention: Der nach Art. 18 Abs. 1 Biomedizinkonvention gebotene „angemessene" Schutz von Embryonen in der Forschung schließt die Zulassung der Tötung von Embryonen zu (jedenfalls hochrangigen) Forschungszwecken gerade nicht kategorisch aus[194]. Auch zwingt Art. 18 Abs. 1 Biomedizinkonvention nicht zum Umkehrschluss, wonach fremdnützige Verwendungen menschlicher Embryonen außer zu Forschungszwecken stets verboten bzw. zu verbieten seien. Vielmehr lässt sich Art. 18 Abs. 1 Biomedizinkonvention auch als Ausdruck eines umfassenderen Prinzips verstehen, das fremdnützige Embryonenverwendungen nicht als inakzeptabel und verwerflich auffasst, sofern sie bestimmten sittlich guten (z.B. Forschungs- oder Therapie-) Zwecken angemessen dienen.

3.1.2.3 Allgemeiner ordre public- und Sittlichkeitsvorbehalt (Art. 6 Abs. 1 BioPatRL, Art. 53 lit. a EPÜ, § 2 Abs. 1 PatG)

a Rechtslage für das EPA

Die Ablehnung einer auf human-embryonale Stammzellen bzw. -kulturen oder -linien bezogenen (Erzeugnis-)Patentanmeldung könnte vom EPA nach alledem auch nicht subsidiär auf den allgemeinen *ordre public*- und Sittlichkeitsvorbehalt des Art. 53 *lit.* a EPÜ gestützt werden, soweit die erfindungsgemäßen human-embryonalen Stammzellen (bzw. -kulturen oder -linien) zwar im Zusammenhang mit ihrer gewerblichen Verwertung stets von neuem aus menschlichen Embryonen erzeugt werden müssten, aber bestimmten hochrangigen therapeutischen oder diagnostischen Zwecken dienen. Denn der insofern notwendige gemeineuropäische bioethische Konsens[195] dahingehend, dass fremdnützige Verwendungen menschlicher Embryonen (unter Einschluss ihres Verbrauchs) zum Zweck der Therapie oder Diagnose z.B. schwerer, bisher unheilbarer Krankheiten rechtlich oder moralisch kategorisch unzulässig sind, lässt sich eben nicht nachweisen[196].

---

[192] Im Fall EGMR (Kammer der Vierten Sektion), *Evans v. the United Kingdom*, Appl. No. 6339/05, Rn. 46; bestätigt durch Urteil der Großen Kammer vom 10. April 2007 in EGMR, *Evans v. the United Kingdom*, Appl. No. 6339/05, Rn. 56.

[193] PLOMER et al. (o. Fn. 6), 54 f.

[194] Ebenso PLOMER et al. (o. Fn. 6), 59.

[195] Dazu, dass es für den *ordre public* bzw die „guten Sitten" nach Art. 53 *lit.* a EPÜ auf einen gemeineuropäischen bioethischen Maßstab ankommt, schon oben in und bei Fn. 92 bis 93.

[196] Ebenso PLOMER et al. (o. Fn. 6), 84.

b Rechtslage für das DPMA

Speziell für Deutschland würde sich demgegenüber ein gegenteiliges Resultat ergeben, sofern die erfindungsgemäßen human-embryonalen Stammzellen bzw. -kulturen oder -linien im Zuge der gewerblichen Verwertung der Erfindung notwendig wiederholt aus menschlichen Embryonen gewonnen werden müssten[197]. Das deutsche Embryonenschutzgesetz verbietet nämlich bei Strafe eindeutig alle Verwendungen menschlicher Embryonen zu Zwecken, die nicht ihrer Erhaltung zu dienen bestimmt sind, insbesondere also auch die Embryonen „verbrauchende" Gewinnung human-embryonaler Stammzellen (§ 2 Abs. 1 ESchG). Daraus folgt der Ausschluss human-embryonaler Stammzellen (bzw. -kulturen oder -linien) von der Patentierbarkeit, und zwar nach den oben genannten Auslegungs- und Anwendungsgrundsätzen[198] über den allgemeinen *ordre public*- und Sittlichkeitsvorbehalt aus § 2 Abs. 1 PaG, nicht dagegen aus dem gelisteten, einen gemeineuropäischen bioethischen Konsens bedingenden Ausschlusstatbestand des § 2 Abs. 2 Satz 1 Nr. 3 i.V. mit Satz 2 PatG i.V. mit § 2 Abs. 1 ESchG[199].

Patentierbar wären nach deutschem (Bio-)Patentrecht Erfindungen, zu deren gewerblicher Verwertung unabdingbar und unmittelbar menschliche Embryonen verwendet werden müssen, nur dann, wenn die Verwendung den davon konkret und individuell betroffenen Embryonen als solchen (wenn auch möglicherweise erst in deren späterem Entwicklungsstadium) zugute kommt. Das ist bei menschliche Embryonen verbrauchender Gewinnung human-embryonaler Stammzellen (bzw. -kulturen oder -linien) ersichtlich nicht der Fall. In sich ist diese (deutsche) Position ethisch konsistent[200].

3.1.2.4 Zusammenfassung

Sind human-embryonale Stammzellen (bzw. -kulturen oder -linien) als solche Gegenstand der Erfindung und erweist deren Beschreibung in der Patentanmeldung, dass auch die gewerbliche Verwertung der erfindungsgemäßen Stammzellen in Zukunft alternativlos stets die neuerliche Erzeugung der jeweils zu verwendenden human-embryonalen Stammzellen aus menschlichen Embryonen voraussetzt, dann ist das Tatbestandsmerkmal der „Verwendung menschlicher Embryonen" i.S. von Art. 6 Abs. 2 *lit.* c BioPatRL, R. 28 *lit.* c AO-EPÜ, § 2 Abs. 2 Satz 1 Nr. 3 PatG erfüllt. Dienen aber die human-embryonalen Stammzellen – wie in der Regel – therapeutischen Zwecken, nämlich der Behandlung schwerer, bisher unheilbarer Krankheiten, dann werden die zu ihrer Gewinnung eingesetzten und dabei verbrauchten menschlichen Embryonen nicht spezifisch und ausschließlich, einzig und allein zu „industriellen" oder „kommerziellen" Zwecken verwendet. Damit ist der Ausschlusstatbestand in Art. 6 Abs. 2 *lit.* c BioPatRL, R. 28 *lit.* c AO-EPÜ, § 2 Abs. 2 Satz 1 Nr. 3 PatG bei human-embryonalen Stammzellen (bzw. -kulturen oder -linien) im Regelfall nicht erfüllt, sind mithin die human-embryonalen Stammzellen

---

[197] A.A. GRUND/KELLER (o. Fn. 127), 51 ff.
[198] Oben in und bei Fn. 88 bis 91.
[199] So aber NATIONALER ETHIKRAT (o. Fn. 21), 33.
[200] Siehe LAURIE (o. Fn. 52), 65.

(bzw. -kulturen oder -linien) als patentierbare Erzeugnisse anzusehen[201]. Zu einem gegenteiligen Ergebnis kann lediglich der allgemeine *ordre public*- und Sittlichkeitsvorbehalt z.B. in Deutschland (§ 2 Abs. 1 PatG i.V. mit § 2 Abs. 1 ESchG) führen.

3.2 Verfahren zur Gewinnung human-embryonaler Stammzellen

Der Patentierung von Verfahren zur Gewinnung human-embryonaler Stammzellen steht der Ausschlusstatbestand der „Verwendung menschlicher Embryonen zu industriellen oder kommerziellen Zwecken" (vgl. Art. 6 Abs. 2 *lit.* c BioPatRL, R. 28 *lit.* c AO, § 2 Abs. 2 Satz 1 Nr. 3 PatG) nach der hier vertretenen Auffassung grundsätzlich nicht entgegen[202], und zwar auch dann, wenn die human-embryonalen Stammzellen erfindungsgemäß aus IVF-Embryonen hergestellt werden. Zwar werden die human-embryonalen Stammzellen dann im Fall der gewerblichen Verwertung des erfundenen Herstellungsverfahrens unter „Verwendung menschlicher Embryonen" hergestellt. Indes wird die Stammzellgewinnung typischerweise nicht spezifisch und ausschließlich, einzig und allein „industriellen oder kommerziellen Zwecken" dienen[203].

Mit Blick auf das Tatbestandsmerkmal der „Verwendung menschlicher Embryonen" ist nur ergänzend und der Aktualität wegen darauf hinzuweisen, dass in jüngerer Zeit Ansätze verfolgt werden, welche die Zerstörung oder sonstige fremdnützige Verwendung menschlicher Embryonen im Zusammenhang mit der Gewinnung human-embryonaler Stammzellen – und damit das ethische Grunddilemma der Stammzellforschung – zu umgehen versuchen[204]. Vorgeschlagen wird etwa, einzelne von menschlichen Embryonen im Achtzellstadium abgespaltene, totipotente Zellen als „Quellen" zur Gewinnung human-embryonaler Stammzellen zu verwenden[205]. Die abgespaltene Zelle wäre wegen ihrer Totipotenz allerdings ihrerseits als menschlicher „Embryo" i.S. von Art. 6 Abs. 2 *lit.* c BioPatRL, R. 28 *lit.* c AO, § 2 Abs. 2 Satz 1 Nr. 3 PatG zu begreifen[206]. Nicht als „Embryo" könnten dagegen solche embryonalen Entitäten zu qualifizieren sein, die vom Beginn ihrer Existenz an nicht die Fähigkeit haben, sich zu einem vollständigen funktionsfähigen menschlichen Organismus zu entwickeln. Solche begrenzt entwicklungsfähigen, aber von vornherein nicht totipotenten („lebensfähigen") embryonalen Entitäten lassen sich

---

[201] Im Ergebnis ebenso im Lichte des europäischen Patentrechts der EPO z.B. GRUND/KELLER (o. Fn. 127), 54 f., bzw. der Biopatentrichtlinie der EG z.B. SPRANGER (o. Fn. 59), 251.

[202] Siehe aber auch LAURIE (o. Fn. 52), 63; dagegen unter der Voraussetzung, dass mit dem Verfahren der Stammzellgewinnung ein zukünftiger Nutzen für andere Embryonen verbunden ist, wie hier SPRANGER (o. Fn. 59), 252.

[203] Zu diesem Tatbestandsmerkmal oben unter 3.1.2.2 b.

[204] Hierzu (mit weiteren Ansätzen) auch PORTER et al. (o. Fn. 6), 654 f. So könnten z.B. auch nicht lebensfähige IVF-Embryonen zur Stammzellgewinnung verbraucht werden (so der Vorschlag von LAUNDRY/ZUCKER, „Embryonic death and the creation of hES-cells", The Journal of Clinical Investigations 114 [2004], 1184 f.).

[205] CHUNG et al., „Embryonic and extraembryonic stem cell lines derived from single mouse blastomeres", Nature, published online 16 October 2005, doi:10.1038/nature04277.

[206] Siehe oben in und bei Fn. 123 bis 124.

z.B. durch elektrochemisch induzierte Parthenogenese aus Eizellen erzeugen[207]. Einen anderen Weg eröffnet das Verfahren des Zellkerntransfers, indem der somatische Zellkern, der in die entkernte Eizelle übertragen werden soll, gentechnisch vorab so manipuliert wird, dass ein bestimmtes Gen ausgeschaltet wird, welches die für die Entwicklung zu einem vollständigen funktionsfähigen Organismus unentbehrlichen molekularen Signale bildet[208]. Ein vergleichbares Ergebnis lässt sich dadurch erreichen, dass lediglich das Expressionsprodukt genau jenes Gens abgebaut wird, und zwar durch Anwendung z.B. der RNA-Interferenztechnik auf *in vitro* befruchtete, aber noch im Vorkernstadium befindliche Eizellen.

Alle nach den vorgenannten Verfahren erzeugten embryonalen Entitäten sollen freilich wenigstens die Fähigkeit besitzen, sich bis zur Blastozyste zu entwickeln, um als Quelle für human-embryonale Stammzellen dienen zu können. Blastozysten aber stellen prinzipiell Embryonen dar. Entscheidend kommt es daher darauf an, ob der Begriff des „Embryos“ im Ausschlusstatbestand der „Verwendung menschlicher Embryonen zu industriellen oder kommerziellen Zwecken“ Totipotenz voraussetzt (die aufgrund der Anwendung der soeben beschriebene Verfahren fehlen würde) oder ob nicht ein geringeres Maß an „Potentialität“ genügt, damit eine embryonale Entität den besonderen Status des rechtlich und moralisch als prinzipiell schutzwürdig anerkannten „Embryos“ einzunehmen vermag[209]. Hier ist die bioethische Debatte in Deutschland und Europa wieder erheblich in Fluss geraten[210], ein gemeineuropäischer bioethischer Konsens mithin noch in weiter Ferne.

3.3 Verfahren unter Verwendung human-embryonaler Stammzellen, daraus hervorgehende Erzeugnisse und deren Verwendungen

3.3.1 Vorliegen der allgemeinen Patentierungsvoraussetzungen

Die Patentierung von Verfahren unter Verwendung human-embryonaler Stammzellen könnte im Einzelfall schon daran scheitern, dass es sich um Verfahren zur chir-

---

[207] „Opinion of the European Group on Ethics“ (o. Fn. 21), 13; GRUND/KELLER (o. Fn. 127), 50; LAURIE (o. Fn. 52), 61.

[208] MEISSNER/JAENISCH, „Generation of nuclear transfer-derived pluripotent ES cells from cloned Cdx2-deficient blastocysts“, Nature, published online 16 October 2005, doi:10.1038/nature04257. Siehe zur ethischen Bewertung dieses Ansatzes HURLBUT, „Altered nuclear transfer as a morally acceptable means for the procurement of human embryonic stem cells“, Perspectives in Biology and Medicine 48 (2005), 211 ff.

[209] So BPatG, GRUR 2007, 1049 ff. (1052 f.) m. Anm. DEDERER, das davon ausgeht, dass aus Parthenogenese ein „Embryo, dessen Entwicklungsfähigkeit nicht widerlegt werden kann“, hervorgehe. Für das Gericht reicht offenbar eine hinter Totipotenz zurückbleibende Entwicklungsfähigkeit aus, um einer parthenogenetischen Entität den Status eines Embryos im Rechtssinne zu vermitteln. Eine Begründung hierfür hat das Bundespatentgericht allerdings nicht gegeben.

[210] Eingehende Auseinandersetzung mit der Problematik etwa von ACH/SCHÖNE-SEIFERT/SIEP, „Totipotenz und Potentialität: Zum moralischen Status von Embryonen bei unterschiedlichen Varianten der Gewinnung humaner embryonaler Stammzellen“, Jahrbuch für Wissenschaft und Ethik Bd. 11 (2006), 261 ff.

urgischen oder therapeutischen Behandlung des menschlichen (oder tierischen) Körpers sowie um Diagnostizierverfahren, die am menschlichen (oder tierischen) Körper vorgenommen werden, handelt. Derartige Verfahren gelten von Rechts wegen nämlich als nicht „gewerblich anwendbar“ (§ 5 Abs. 2 Satz 1 PatG; vgl. auch Art. 27 Abs. 3 *lit.* a TRIPS, Art. 53 *lit.* c EPÜ rev. F., Erwägungsgrund 35 BioPatRL).

Die Spruchpraxis[211] begrenzt diesen Ausschluss von der Patentfähigkeit auf solche Verfahren, die auf den menschlichen Körper als solchen angewandt werden sollen. Verfahren, die zu medizinischen (therapeutischen oder diagnostischen) Zwecken allein an isolierten (Stamm-)Zellen außerhalb des menschlichen Körpers vorgenommen werden, erfasst dieser Patentierungsausschluss nicht[212]. Anders dürfte dann zu entscheiden sein, wenn es sich bei dem zu patentierenden Verfahren um eine „Reimplantationstechnik“ („unter der Verwendung von Stammzellen“) oder um eine „Gentherapie“ („basierend auf genetisch modifizierten Stammzellen“) handelt[213]. In jedem Fall ausgenommen sind gemäß Art. 53 *lit.* c Satz 2 EPÜ rev. F., § 5 Abs. 2 Satz 2 PatG die human-embryonalen Stammzellen als solche, die in einem am menschlichen (oder tierischen) Körper vorgenommenen therapeutischen oder diagnostischen Verfahren angewendet werden sollen.

3.3.2 Eingreifen ethisch motivierter Patentierungsausschlüsse

3.3.2.1 „Verwendung menschlicher Embryonen zu industriellen oder kommerziellen Zwecken“ (Art. 6 Abs. 2 lit. c BioPatRL, R. 28 lit. c AO-EPÜ, § 2 Abs. 2 Satz 1 Nr. 3 PatG)

Der ethisch motivierte Patentierungsausschluss der „Verwendung menschlicher Embryonen zu industriellen oder kommerziellen Zwecken“ (Art. 6 Abs. 2 *lit.* c BioPatRL, R. 28 *lit.* c AO, § 2 Abs. 2 Satz 1 Nr. 3 PatG) steht – wiederum nach der hier vertretenen Meinung – einer Patentierung von Verfahren unter Verwendung (pluripotenter) human-embryonaler Stammzellen grundsätzlich ebenso wenig entgegen wie einer Patentierung der mit solchen Verfahren gewonnenen Erzeugnisse und der Verwendung solcher Erzeugnisse[214]. Demgegenüber übt das EPA in der Konsequenz seiner bereits oben dargestellten, sehr restriktiven Auffassung[215] Zurückhaltung bei der Erteilung von Patenten auf Verfahren unter Verwendung human-embryonaler Stammzellen, auf daraus hervorgehende Erzeugnisse und auf deren Verwendungen[216].

---

[211] Näher hierzu etwa MES, „Patentgesetz, Gebrauchsmustergesetz“, 2. Aufl., 2005, § 5 PatG, Rn. 13 ff. m.w.N. und Beispielen.

[212] MOUFANG (o. Fn. 60), 5; MÜLLER (o. Fn. 56), 316 ff.; ferner BÜHLER (o. Fn. 52), 573.

[213] So KRAUß/ENGELHARD (o. Fn. 127), 989 f.; in diesem Sinne wohl auch MÜLLER (o. Fn. 56), 318.

[214] Im Ergebnis wie hier „Opinion of the European Group on Ethics“ (o. Fn. 21), 15; SPRANGER (o. Fn. 59), 252.

[215] Dazu oben in und bei Fn. 131 bis 135, 141 bis 147, 172.

[216] Siehe MOUFANG (o. Fn. 60), 5 f.; PORTER et al. (o. Fn. 6), 654; TREICHEL (o. Fn. 56), 294; WEBBER (o. Fn. 6), 95.

a Europäisches Brüstle-Patent des EPA

Eine Ausnahme bildet aber etwa das europäische *Brüstle*-Patent[217]. Dieses von dem Bonner Forscher *Oliver Brüstle* angemeldete Patent erstreckt sich unter anderem auf Verfahren zur Herstellung neuraler Vorläuferzellen aus embryonalen Stammzellen, auf damit erzeugte, die neuralen Vorläuferzellen enthaltende Zellgemische sowie auf die Verwendung der neuralen Vorläuferzellen zu bestimmten therapeutischen Zwecken (z.B. zur Transplantation in das Nervensystem)[218]. Zur Gewinnung der neuralen Vorläuferzellen werden embryonale Stammzellen proliferiert und zu neuralen Vorläuferzellen kultiviert[219]. Nach der Patentschrift erfasst das Patent insoweit auch die Verwendung human-embryonaler Stammzellen[220].

Diesem Patent stand der Ausschlussgrund der „Verwendung menschlicher Embryonen zu industriellen oder kommerziellen Zwecken" (Art. 6 Abs. 2 *lit.* c BioPatRL, R. 28 *lit.* c AO, § 2 Abs. 2 Satz 1 Nr. 3 PatG) allerdings nicht schon deshalb entgegen, weil die Patentanmeldung die als Ausgangsmaterial für die erfindungsgemäße Herstellung der neuralen Vorläuferzellen dienenden (human-)embryonalen Stammzellen als „totipotent" definiert[221]. Zwar wären totipotente Zellen als „Embryonen" i.S. von Art. 6 Abs. 2 *lit.* c BioPatRL, R. 28 *lit.* c AO, § 2 Abs. 2 Satz 1 Nr. 3 PatG aufzufassen[222]. Jedoch wird aus der nachfolgenden Definition der Begriffe der „toti-, pluri-, multi- und bipotenten Zellen" deutlich, dass es sich nur um solche Zellen handeln soll, die lediglich „in alle … Zelltypen ausdifferenzieren können" (also nicht etwa gleich einem Embryo einen vollständigen funktionsfähigen Organismus zu bilden vermögen)[223]. Damit aber handelt es sich – in der mittlerweile wohl allgemein im Recht (wie in der Ethik) akzeptierten (siehe § 3 Nr. 1 StZG)[224] und daher vorliegend verwendeten Terminologie – nicht eigentlich um totipotente, sondern um sog. „pluripotente" Stammzellen[225].

---

[217] EP 1 040 185 B1.

[218] Vgl. Abs.-Nr. 0001 der Patentschrift zu EP 1 040 185 B1.

[219] Siehe Abs.-Nr. 0015, 0016, 0019 der Patentschrift EP 1 040 185 B1 sowie die Patentansprüche, insbesondere Nr. 1, 3, 15 und 18.

[220] Vgl. Abs.-Nr. 0008, 0032 der Patentschrift zu EP 1 040 185 B1.

[221] Entsprechend Abs.-Nr. 0014 der Patentschrift zu EP 1 040 185 B1.

[222] Oben in und bei Fn. 123 bis 124.

[223] Abs.-Nr. 0014 der Patentschrift zu EP 1 040 185 B1.

[224] Siehe etwa GRUND/KELLER (o. Fn. 127), 50; LAURIE (o. Fn. 52), 60; WEBBER (o. Fn. 6), 88 f.; unerfindlich a.A. BPatG, GRUR 2007, 1049 ff. (1052) m. Anm. DEDERER.

[225] Ganz unhaltbar daher BPatG, GRUR 2007, 1049 ff. (1052) m. Anm. DEDERER zum korrespondierenden deutschen *Brüstle*-Patent, welches den Patentinhaber *Oliver Brüstle* – noch dazu unter Verkennung des Grundsatzes *falsa demonstratio non nocet* – an dessen selbst gewählter und definierter Terminologie festhält. Das Gericht unterstellt dem Patentinhaber, seine Patentansprüche bezögen sich (auch) auf aus totipotenten human-embryonalen Stammzellen, mithin aus menschlichen Embryonen abgeleitete Vorläuferzellen. Demgegenüber ergibt sich aus der Totipotenzdefinition des Patentinhabers, dass bei den als Ausgangsmaterial für die Vorläuferzellen verwendeten (human-)embryonalen Stammzellen Totipotenz im eigentlichen Sinne fehlt, also mit „totipotenten" human-embryonalen Stammzellen im Sinne der Patentschrift gerade keine Embryonen gemeint sind. Das hätte auch jeder „Fachmann am Anmeldetag" gerade we-

Im Lichte des Ausschlussgrunds „Verwendung menschlicher Embryonen zu industriellen oder kommerziellen Zwecken“ (Art. 6 Abs. 2 *lit.* c BioPatRL, R. 28 *lit.* c AO, § 2 Abs. 2 Satz 1 Nr. 3 PatG) problematisch war vielmehr, dass die patentierte Erfindung Verfahren umfassen könnte, welche die verbrauchende Verwendung menschlicher Embryonen zum Zweck der Gewinnung human-embryonaler Stammzellen als Ausgangsmaterial für die erfindungsgemäße Herstellung der neuralen Vorläuferzellen unabdingbar voraussetzt. Um dem Verdikt des Ausschlusses von der Patentierbarkeit wegen „Verwendung menschlicher Embryonen zu industriellen oder kommerziellen Zwecken“ (Art. 6 Abs. 2 *lit.* c BioPatRL, R. 28 *lit.* c AO, § 2 Abs. 2 Satz 1 Nr. 3 PatG) zu entgehen, ist daher in die europäische Patentschrift ein „ethischer Disclaimer“ aufgenommen worden[226]. Danach gelten die Patentansprüche nur „mit der Maßgabe, dass das Verfahren nicht die Zerstörung menschlicher Embryonen einschließt“[227]. Auch hier zeigt sich wieder[228] die herausragende Bedeutung „ethisch sensibler“ Beschreibung der Erfindung und Formulierung der Patentansprüche in der Patentanmeldung vor dem EPA[229].

In der Tat bedarf es für die gewerbliche Verwertung der Erfindung auch gar nicht zwingend der verbrauchenden Verwendung menschlicher Embryonen zum Zweck der Herstellung der human-embryonalen Stammzellen, welche das Ausgangsmaterial für die erfindungsgemäße Erzeugung der neuralen Vorläuferzellen bilden. Vielmehr kann für die benötigten human-embryonalen Stammzellen z.B. auf die bereits in großer Zahl existierenden Stammzelllinien zurückgegriffen werden. Außerdem kommen als Ausgangsmaterial für die erfindungsgemäße Herstellung der neuralen Vorläuferzellen auch aus embryonalen Keimzellen generierte, human-embryonalen Stammzellen insoweit gleichwertige Zellen in Betracht[230].

b Deutsches Brüstle Patent des DPMA

Interessanterweise enthält die entsprechende deutsche Patentschrift des zuvor schon vom DPMA erteilten *Brüstle*-Patents[231] keinen vergleichbaren Vorbehalt. Damit umfassten die auf Verfahren zur Herstellung neuraler Vorläuferzellen aus (human-)

---

gen der in die Patentschrift aufgenommenen Totipotenzdefinition ohne weiteres erkannt. Das Gericht hält den Patentinhaber völlig verfehlt – und im Widerspruch zu seiner eigenen Prämisse, wonach „nur der sich aus der Patentschrift ergebende Begriffs*inhalt* maßgeblich ist“ (S. 17 a.a.O. [Hervorhebung nicht im Original]) – am *Begriff* („totipotent“), statt am Begriffsinhalt („in alle ... Zelltypen ausdifferenzieren zu können“) fest. Schon am Anmeldetag (dem 29.4.1999) handelte es sich bei der Verwendung des Begriffs „totipotent“ – gerade im Lichte des vom Gericht auch in Bezug genommenen § 8 Abs. 1 ESchG – um eine *falsa demonstratio*.

226 Erstaunlicherweise am klarsten nicht in der deutschen, sondern in der englischen und französischen Fassung der Patentansprüche.

227 Patentansprüche Nr. 1, 3, 15 und 18 a.E. in ihrer englischen und französischen Fassung.

228 Siehe schon oben in und bei Fn. 168.

229 Siehe zum Erfordernis von „Wortlaut-Strategien“ auch PORTER et al. (o. Fn. 6), 653 f.

230 Abs.-Nr. 0014 der Patentschrift zu EP 1 040 185 B1.

231 DE 197 56 864 C1.

embryonalen Stammzellen bezogenen Patentansprüche[232] auch Verfahren, im Zuge derer die (als eigentliches Ausgangsmaterial für die erfindungsgemäße Herstellung der neuralen Vorläuferzellen benötigten) human-embryonalen Stammzellen im Wege des Embryonenverbrauchs erst noch *de novo* gewonnen werden.

Das Bundespatentgericht[233] hat das Patent am 5. Dezember 2006 aber teilweise für nichtig erklärt und sich dabei auf den Ausschlussgrund der „Verwendung menschlicher Embryonen zu industriellen oder kommerziellen Zwecken" (§ 2 Abs. 2 Satz 1 Nr. 3 PatG) im Lichte des ESchG und des StZG gestützt. Die Teilnichtigerklärung erfasst diejenigen Patentansprüche, welche sich auf die neuralen Vorläuferzellen als solche[234] sowie auf die Verfahren zu ihrer Herstellung beziehen[235], aber jeweils nur insoweit, als die Vorläuferzellen „aus embryonalen Stammzellen von menschlichen Embryonen" gewonnen werden.

Entscheidend ist freilich, dass die gewerbliche Verwertung der Erfindung des *Brüstle*-Patents nicht zwingend, d.h. unabdingbar und unmittelbar stets eine (erneute) verbrauchende Verwendung menschlicher Embryonen voraussetzt, um die human-embryonalen Stammzellen, die als Ausgangsmaterial für die erfindungsgemäße Erzeugung menschlicher neuraler Vorläuferzellen notwendig sind, zu erhalten. Denn als Ausgangsmaterial für menschliche neurale Vorläuferzellen kann nach der Patentanmeldung z.B. auch auf bereits existierende human-embryonale Stammzelllinien zurückgegriffen werden[236]. Dies sollte offenbar noch im Verfahren der Nichtigkeitsklage mit einem „Hilfsantrag" klargestellt werden[237]. Aber unabhängig von diesem Hilfsantrag bedingt schon der „bestimmungsgemäße Gebrauch" der Erfindung, „wie er sich aus den Patentansprüchen und der Beschreibung ergibt", eben nicht „in jedem Fall" eine (neuerliche) verbrauchende Verwendung menschlicher Embryonen[238].

Diesem Umstand trägt das Bundespatentgericht nicht hinreichend Rechnung. Zweifelhaft ist insbesondere die Behauptung, die erfindungsgemäße Bereitstellung der Vorläuferzellen „setzt ... nach der Beschreibung in der Streitpatentschrift die Verwendung von menschlichen Embryonen als *unerlässliche* Maßnahme voraus" und „[a]uch die Streitpatentschrift offenbart *keinen anderen* Weg der Gewinnung"[239]. Vielmehr trifft das Gegenteil zu[240]. Das Patent erfasst in den streitgegenständlichen Patentansprüchen 1, 12 und 16 Vorläuferzellen „aus embryonalen Stammzellen" sowie Verfahren der Herstellung solcher Vorläuferzellen. Als ersten Schritt der Herstellung bezeichnen die Patentansprüche die Kultivierung von „ES-Zellen". Aus der

---

232 Patentansprüche Nr. 12 und 16 sowie die darauf jeweils bezogenen Patentansprüche Nr. 13 bis 15 und 17 bis 21.

233 Urt. v. 5.12.2006, Az. 3 Ni 42/04.

234 Patentanspruch Nr. 1.

235 Patentansprüche Nr. 12 und 16.

236 9, Zeilen 50-51 der Patentschrift.

237 Hilfsantrag 2; siehe BPatG, GRUR 2007, 1049 ff. (1050 f.) m. Anm. DEDERER.

238 Zitate aus BPatG, GRUR 2007, 1049 ff. (1051) m. Anm. DEDERER.

239 BPatG, GRUR 2007, 1049 ff. (1052 f.) m. Anm. DEDERER (Hervorhebungen nicht im Original).

240 Wie das BPatG, GRUR 2007, 1049 ff. (1051 f., 1054) m. Anm. DEDERER selbst erkennt.

Patentbeschreibung ergibt sich, dass die Begriffe „ES-Zellen“ und „embryonale Stammzellen“ austauschbar sind[241]. Dabei definiert die Patentschrift „ES-Zellen“ ausdrücklich auch als „ES-Zell-ähnliche Zellen, die aus embryonalen Keimzellen ... erhalten werden“[242]. Außerdem können die „ES-Zellen“ nach der Patentbeschreibung explizit „als ES-Zellinie vorliegen *oder* aus Embryonen gewonnen werden“[243]. Der Begriff „ES-Zellen“ bildet also einen Oberbegriff für pluripotente[244] Zellen, die *de novo* aus Embryonen ebenso wie aus embryonalen Keimzellen gewonnen oder die aus bestehenden human-embryonalen Stammzelllinien entnommen werden können. Daraus erhellt, dass die Verwendung menschlicher Embryonen nach der Beschreibung der Erfindung in der Patentschrift eben gerade nicht *conditio sine qua non* für die jederzeitige gewerbliche Verwertung der Erfindung ist.

Sollten freilich – praxisfern und nur theoretisch – „embryonale Keimzellen“ oder existierende „ES-Zelllinien“ irgendwann einmal nicht (mehr) als Ausgangsmaterial für die patentgemäßen Vorläuferzellen bzw. ihre patentgemäße Herstellung zur Verfügung stehen, käme ein Fachmann, welcher die Erfindung gemäß ihrer Beschreibung in der Patentschrift ausführen will, nicht umhin, doch auf menschliche Embryonen zurückzugreifen, um daraus human-embryonale Stammzellen als eigentliches Ausgangsmaterial für die Vorläuferzellen bzw. ihre Herstellung zu gewinnen. Unter diesem Aspekt und mit dieser Begründung erscheint die Teilnichtigerklärung des deutschen *Brüstle*-Patents vertretbar. Hilfreicher als die Hilfsanträge 1 und 2 im Verfahren der Nichtigkeitsklage wäre daher gewesen, die Patentansprüche 1, 12 und 16 um den „ethischen Disclaimer“ zu ergänzen, der auch schon dem europäischen *Brüstle*-Patent beigefügt worden ist[245]. In der Fassung mit diesem „ethischen Disclaimer“ wäre das Patent mit dem spezifisch deutschen *ordre public*, wie er unter anderem im Verbot der missbräuchlichen Embryonenverwendung in § 2 Abs. 1 ESchG zum Ausdruck kommt, vereinbar.

Aus der Perspektive des Bundespatentgerichts hilft der „ethische Disclaimer“ (also die Geltung der Patentansprüche 1, 12 und 16 nur „mit der Maßgabe, dass das Verfahren nicht die Zerstörung menschlicher Embryonen einschließt“) freilich nicht. Denn das Gericht hält das Patent auch insoweit für nichtig, als die patentgemäßen Vorläuferzellen mit Hilfe von existierenden human-embryonalen Stammzelllinien, zumal mit Hilfe von „Stichtags-Stammzellen“, d.h. vor dem in § 4 Abs. 2 Nr. 1 *lit.* a StZG normierten Stichtag gewonnenen human-embryonalen Stammzellen, entwickelt werden[246]. Im Fall der Stichtags-Stammzellen (und sonstiger bereits in Kultur gehaltener human-embryonaler Stammzellen) bedarf es gerade keiner Verwendung menschlicher Embryonen mehr, um die Erfindung gewerblich zu verwerten, weil der Verbrauch von Embryonen zur Gewinnung solcher Stammzellen in der Vergangenheit stattgefunden hat.

---

[241] 4, Zeile 33 der Patentschrift.

[242] 4, Zeile 37 der Patentschrift.

[243] 9, Zeilen 50-51 der Patentschrift (Hervorhebung nicht im Original).

[244] Siehe hierzu oben in Fn. 225.

[245] Dazu oben in und bei Fn. 227.

[246] BPatG, GRUR 2007, 1049 ff. (1054) m. Anm. DEDERER.

Demgegenüber postuliert das Bundespatentgericht, dass es auf den Tag des Embryonenverbrauchs nicht ankomme, weil „auch bei einem in der Vergangenheit liegenden unrechtmäßigen Verhalten … nicht durch Anerkennung der Patentierbarkeit nach § 2 Abs. 2 Satz 1 Nr. 3 PatG der Eindruck erweckt werden [darf], als ob der Staat die gewerbliche Verwertung einer solchen Erfindung sanktionieren würde“[247]. Damit setzt sich das Bundespatentgericht nicht nur in Widerspruch zu seiner eigenen Prämisse, wonach es für den ethisch motivierten Patentierungsausschluss nach § 2 Abs. 2 Satz 1 Nr. 3 PatG auf die Verwendung menschlicher Embryonen im Rahmen der wirtschaftlichen Verwertung des Patents ankommt[248]. Die Auffassung des Gerichts ist auch mit dem deutschen wie europäischen Patentrecht gänzlich unvereinbar.

Denn zum einen setzt der Ausschlusstatbestand des § 2 Abs. 2 Satz 1 Nr. 3 PatG (Art. 6 Abs. 2 *lit.* c BioPatRL, R. *lit.* c AO-EPÜ) voraus, dass erst im Zuge der gewerblichen Verwertung der patentierten Erfindung, also in der Zukunft, menschliche Embryonen verwendet werden (müssen)[249]. Zum anderen erlaubt das StZG in seiner gegenwärtig noch geltenden Fassung die Verwendung von human-embryonalen Stammzellen für Forschungsvorhaben, die hochrangigen Forschungszielen[250], insbesondere dem Ziel der Erforschung von Therapien zur Behandlung schwerer, bisher unheilbarer Krankheiten dienen (§§ 4 Abs. 2, 5 Nr. 1 StZG). Das heißt aber nicht etwa, dass nur Erforschung und Entwicklung solcher Therapien, nicht aber die (zukünftige) gewerbliche Verwendung human-embryonaler Stammzellen in diesen Therapien vom deutschen *ordre public* bzw. den deutschen „guten Sitten“ gedeckt wäre. Aus der verfassungsrechtlichen Perspektive steht das Grundrecht auf körperliche Unversehrtheit der Patienten (Art. 2 Abs. 2 Satz 1 GG) und die daraus folgende staatliche Schutz- und Förderpflicht jedenfalls mit Blick auf schwere, bisher unheilbare Krankheiten (wie die im *Brüstle*-Patent beispielhaft erwähnte multiple Sklerose[251]) der Forschungsfreiheit keineswegs prinzipiell im Rang nach. Daher kommt der deutsche Gesetzgeber (bald) nicht umhin, das StZG für die (gewerbliche) Verwendung von human-embryonalen Stammzellen zu (zumindest solchen hochrangigen) therapeutischen Zwecken zu öffnen. Muss aber eine derartige (gewerbliche) Verwendung von human-embryonalen Stammzellen von Verfassungs wegen zugelassen werden, kommt ein Ausschluss von der Patentierbarkeit wegen eines *ordre public*- bzw. Sittlichkeitsverstoßes nicht in Betracht.

Völlig übersehen hat das Bundespatentgericht dabei die in diesem Zusammenhang entscheidungserhebliche Norm des § 4 Abs. 3 Satz 2 StZG[252]. Danach darf ge-

---

[247] BPatG, GRUR 2007, 1049 ff. (1054) m. Anm. DEDERER; in diesem Sinne auch STERCKX (o. Fn. 63), 492 f.

[248] Auf diesen Aspekt stellt das BPatG, GRUR 2007, 1049 ff. (1051 ff.) zunächst durchgehend ab.

[249] Siehe dazu schon oben in und bei Fn. 169.

[250] Zu diesem Erfordernis etwa DEDERER, „Hochrangigkeit von Zielen der Stammzellforschung im Lichte des Grundgesetzes“, Jahrbuch für Wissenschaft und Ethik Bd. 8 (2003), 305 ff.

[251] 10, Zeile 30 der Patentschrift.

[252] Zu dieser problematischen Norm DEDERER, „Erläuterungen zum Gesetz zur Sicherstellung des Embryonenschutzes im Zusammenhang mit Einfuhr und Verwendung menschlicher embryonaler Stammzellen (Stammzellgesetz – StZG)“, in: Das Deutsche Bundesrecht, I K 77 15.

rade der Gesichtspunkt, dass „Stichtags-Stammzellen“ aus menschlichen Embryonen gewonnen worden sind, nicht als *ordre public*-Verstoß gewertet werden, welcher der Verwendung von „Stichtags-Stammzellen“ zu Forschungszwecken nach § 4 Abs. 3 Satz 1 StZG zwingend entgegenstünde. Diese Wertung des Gesetzgebers schlägt auch auf alle später (im Ausland) hergestellten und zu Forschungszwecken (im Inland) verwendeten human-embryonalen Stammzellen durch, sofern jedenfalls deren Gewinnung – den Verbotsnormen des ESchG (§ 2 Abs. 1 ESchG) und dem Zweck des StZG (§ 1 Nr. 2 StZG) entsprechend – nicht von Deutschland aus veranlasst worden ist. Darüber hinaus muss diese Wertung aber auch auf die Verwendung derartiger human-embryonaler Stammzellen zu therapeutischen Zwecken erstreckt werden. Denn, wie soeben dargelegt, streitet jedenfalls bei Therapien zur Behandlung schwerer, bisher unheilbarer Krankheiten das Recht auf körperliche Unversehrtheit (Art. 2 Abs. 2 Satz 1 GG) zugunsten der Patienten nicht minder als die Forschungsfreiheit (Art. 5 Abs. 3 Satz 1 GG) zugunsten der Stammzellforscher. Dabei wird die therapeutische Verwendung human-embryonaler Stammzellen zur Behandlung solcher Krankheiten nicht dadurch doch zum *ordre public*-Verstoß, dass die Verwendung der Stammzellen „gewerblich“ erfolgt. Kommt der Gesetzgeber aus verfassungsrechtlichen Gründen nicht umhin, eine solche (gerade auch „gewerbliche“) Verwendung zuzulassen, kann dieselbe Verwendung nicht als Verstoß gegen den *ordre public* gebrandmarkt werden.

3.3.2.2 „Verfahren zur Veränderung der genetischen Identität der Keimbahn des menschlichen Lebewesens“ (Art. 6 Abs. 2 lit. b BioPatRL, R. 28 lit. b AO-EPÜ, § 2 Abs. 2 Satz 1 Nr. 2 PatG)

Ein Patentierungsausschluss nach Art. 6 Abs. 2 *lit.* b BioPatRL, R. 28 *lit.* b AO, § 2 Abs. 2 Satz 1 Nr. 2 PatG könnte sich darüber hinaus im deutschen wie im europäischen Biopatentrecht z.B. dann ergeben, wenn gentechnisch veränderte human-embryonale Stammzellen in einen menschlichen Embryo so injiziert werden, dass sich die gentechnische Veränderung anschließend in die Keimbahn des aus dem Embryo hervorgehenden Menschen integriert. Dieses auf human-embryonalen Stammzellen basierende Verfahren ist als „Verfahren zur Veränderung der genetischen Identität der Keimbahn des menschlichen Lebewesens“ i.S.von Art. 6 Abs. 2 *lit.* b BioPatRL, R. 28 *lit.* b AO, § 2 Abs. 2 Satz 1 Nr. 2 PatG von der Patentierbarkeit ausgeschlossen[253]. Das vom DPMA erteilte „*Axiogenesis*-Patent“[254] vermeidet genau diese Konsequenz, indem das Patent auf Verfahren zur Erzeugung transgener „nicht menschlicher“ Säugetiere beschränkt wird[255].

---

[253] Vgl. KRAUß/ENGELHARD (o. Fn. 127), 986. Gleiches würde dann gelten, wenn in den menschlichen Embryo gentechnisch veränderte tierische embryonale Stammzellen injiziert würden, um gerade die gentechnische Veränderung der Keimbahn des geborenen Menschen zu bewirken. Würden dagegen umgekehrt human-embryonale Stammzellen in tierische Embryonen injiziert, ließe sich der Patentierungsausschluss nur über die Generalklausel (Art. 6 Abs. 1 BioPatRL, Art. 53 *lit.* a EPÜ, § 2 Abs. 1 PatG) begründen (siehe Erwägungsgrund 38 BioPatRL sowie BÜHLER [o. Fn. 52], 577 f.).

[254] DE 101 367 02 B4.

[255] Patentanspruch Nr. 24 und Abs.-Nr. 0068 der Patentschrift.

3.3.2.3 Allgemeiner ordre public- und Sittlichkeitsvorbehalt (Art. 6 Abs. 1 BioPatRL, Art. 53 lit. a EPÜ, § 2 Abs. 1 PatG)

Im Lichte des Erwägungsgrunds 38 BioPatRL dürfte ein Patent schließlich keinesfalls „Verfahren zur Herstellung von hybriden Lebewesen, die aus Keimzellen oder totipotenten Zellen von Mensch und Tier entstehen", umfassen. Andernfalls wäre ein Verstoß gegen allgemeinen *ordre public*- bzw. Sittlichkeitsvorbehalt (Art. 6 Abs. 1 BioPatRL, Art. 53 *lit.* a EPÜ, § 2 Abs. 1 PatG) zu besorgen.

Das könnte womöglich auch dann der Fall sein, wenn z.B. modifizierte human-embryonale Stammzellen in die Blastozyste eines nicht menschlichen Säugers übertragen und diese (tierische) Blastozyste anschließend von einem entsprechenden (tierischen) Säuger ausgetragen würde[256]. Freilich ist zu bedenken, dass die transferierten human-embryonalen Stammzellen selbst in der Regel keine „totipotenten Zellen" sind und erst recht keine „Keimzellen" darstellen. Andererseits entsteht aus dem beschriebenen Verfahren ohne Zweifel ein „hybrides Lebewesen"[257].

4 Therapeutisches Klonen

4.1 Verfahren des therapeutischen Klonens

4.1.1 „Verfahren zum Klonen von menschlichen Lebewesen" (Art. 6 Abs. 2 *lit.* a BioPatRL, R. 28 *lit.* a AO, § 2 Abs. 2 Satz 1 Nr. 1 PatG)

4.1.1.1 Erstreckung des Ausschlusstatbestands auf den Zellkerntransfer

„Verfahren zum Klonen von menschlichen Lebewesen" sind im deutschen wie im europäischen Biopatentrecht ausdrücklich nicht patentierbar (Art. 6 Abs. 2 *lit.* a BioPatRL, R. 28 *lit.* a AO, § 2 Abs. 2 Satz 1 Nr. 1 PatG). Von diesem Patentierungsverbot werden sowohl die Technik des Embryosplittings als auch die Technik des Zellkerntransfers (sog. „Dolly"-Methode) erfasst. Das erweist Erwägungsgrund 41 der Biopatentrichtlinie, welcher den Begriff der „Verfahren zum Klonen von menschlichen Lebewesen" im Sinne der Richtlinie erläutert. Zu den gemäß Art. 6 Abs. 2 *lit.* a BioPatRL nicht patentierbaren (Klon-)Verfahren zählt der Erwägungsgrund 41 ausdrücklich sowohl das Verfahren der „Embryonenspaltung" als auch überhaupt „jedes Verfahren ..., das darauf abzielt, ein menschliches Lebewesen zu schaffen, das im Zellkern die gleiche Erbinformation wie ein anderes ... menschliches Lebewesen besitzt".

4.1.1.2 Erstreckung des Ausschlusstatbestands auf das therapeutische Klonen?

Komplexer ist das Problem, ob sich der Patentierungsausschluss nur auf Verfahren zum reproduktiven Klonen bezieht oder auch auf Verfahren zum therapeutischen Klonen erstreckt. Entscheidend für diese Frage ist, ob das Resultat des therapeutischen Klonens ein „menschliches Lebewesen" darstellt. Eigentlich soll der „thera-

---

[256] Siehe auch schon soeben oben in Fn. 253.
[257] Vgl. hierzu auch MOUFANG (o. Fn. 60), 6.

peutische Klon“ im Embryonalstadium, nämlich im Stadium der Blastozyste verbleiben. Demgegenüber könnten mit „menschlichen Lebewesen“ nur geborene menschliche Individuen gemeint sein[258].

a Haltung des EPA

Allerdings neigt das EPA möglicherweise der Auffassung zu, dass der ethisch motivierte Ausschluss von „Verfahren zum Klonen von menschlichen Lebewesen“ auch das therapeutische Klonen umfasst[259]. In diesem Sinne erstreckt sich der Schutz des auf die „Dolly“-Methode erteilten europäischen Patents[260] explizit nicht auf die Anwendung dieses (Klon-)Verfahrens auf den Menschen[261]. Indes kann dieser Vorbehalt auch so gedeutet werden, dass sich das Patent nur nicht auf das reproduktive Klonen von Menschen mit der Methode des therapeutischen Klonens, also mit der Methode des Zellkerntransfers, erstrecken soll. Tatsächlich war mit der Geburt des Schafes „Dolly“ am 5. Juli 1996, mithin zwei Jahre vor der Verabschiedung der EG-Biopatentrichtlinie, nämlich vor allem der Nachweis erbracht worden, dass das reproduktive Klonen von Säugetieren, also möglicherweise auch von Menschen, mit der Methode des Zellkerntransfers praktisch durchführbar war.

b Grammatikalische, systematische und teleologische Auslegung

Der Wortlaut von Art. 6 Abs. 2 *lit.* a BioPatRL, R. 28 *lit.* a AO, § 2 Abs. 2 Satz 1 Nr. 1 PatG erlaubt, auch einen Embryo, also gerade z.B. eine Blastozyste, als „menschliches Lebewesen“ zu begreifen.

Andererseits zeigt eine systematische Auslegung, dass in der Liste der ethisch motivierten Patentierungsausschlüsse ausdrücklich zwischen „menschlichen Lebewesen“ (Art. 6 Abs. 2 *lit.* a und b BioPatRL, R. 28 *lit.* a und b AO, § 2 Abs. 2 Satz 1 Nr. 1 und 2 PatG) einerseits und „Embryonen“ (Art. 6 Abs. 2 *lit.* c BioPatRL, R. 28 *lit.* c AO, § 2 Abs. 2 Satz 1 Nr. 3 PatG) andererseits differenziert wird. Diese terminologische Unterscheidung innerhalb der Liste der absolut nicht patentierbaren Erfindungen spricht wiederum dafür, dass unter „menschlichen Lebewesen“ – in Abgrenzung zu „Embryonen“ – nur geborene menschliche Individuen verstanden werden sollen[262].

In Richtung dieses Auslegungsergebnisses weist auch die teleologische Interpretation. Denn der ethisch motivierte Ausschluss der Patentierbarkeit von „Verfahren zum Klonen von menschlichen Lebewesen“ bezweckt den Schutz der Menschenwürde. Ob aber gerade auch das therapeutische Klonen die Menschenwürde verletzt, wird im bioethischen Diskurs nach wie vor höchst kontrovers beurteilt.

---

[258] Siehe zur Differenzierung zwischen „Embryo“ („embryo“) *in vitro* und „menschlichem Lebewesen“ („human being“) auch HERDEGEN (o. Fn. 76), 860; LAURIE (o. Fn. 52), 63; vgl. auch zur unterschiedlichen Deutung des Begriffs „menschliches Lebewesen“ und „Embryo“ in den europäischen Staaten NATIONALER ETHIKRAT (o. Fn. 21), 31 f.

[259] Ebenso etwa MOUFANG (o. Fn. 60), 5.

[260] Veröffentlichungsnummer EP0849990.

[261] MOUFANG (o. Fn. 60), 5.

[262] In diesem Sinne auch HERDEGEN (o. Fn. 76), 861.

c Entstehungsgeschichtliche Auslegung

Einen entgegen gesetzten Hinweis scheint die Entstehungsgeschichte der Biopatentrichtlinie zu geben. Tatsächlich sah nämlich der geänderte, den Forderungen des Europäischen Parlaments in erster Lesung[263] Rechnung tragende Kommissionsentwurf der Biopatentrichtlinie zunächst nur den Ausschluss von „Verfahren zum reproduktiven Klonen“ von Menschen vor[264]. Jedoch entschied sich der Gemeinschaftsgesetzgeber im Verlauf des Gesetzgebungsverfahrens dafür, diesen Wortlaut im Sinne der jetzt gültigen Fassung zu ändern[265]. Der Ministerrat war nämlich der Auffassung, dass „das Attribut ‚reproduktiv‘ zu restriktiv sein könnte“[266]. Außerdem „gilt“ nach Darstellung des Rates „als vereinbart, dass sich der Begriff ‚menschliche Lebewesen‘ auf den Menschen ab der embryonalen Phase bezieht“[267]. Dem historischen Willen scheint daher am ehesten eine Auslegung zu entsprechen, welche den Ausschlusstatbestand „Verfahren zum Klonen von menschlichen Lebewesen“ auf das therapeutische Klonen erstreckt.

Indes lässt sich die Genese der Vorschrift auch so deuten, dass Patentämtern und (Patent-) Gerichten mit dem weiter gefassten, nicht wie zunächst explizit auf „reproduktives“ Klonen beschränkten Wortlaut lediglich ermöglicht werden sollte, zukünftigen (Fort-)Entwicklungen des gemeineuropäischen bioethischen Maßstabs jeweils Rechnung tragen zu können. In diesem Lichte lässt sich der Ausschlusstatbestand in Art. 6 Abs. 2 *lit.* a BioPatRL, R. 28 *lit.* a AO, § 2 Abs. 2 Satz 1 Nr. 1 PatG auf reproduktives Klonen zu beschränken[268].

d Auf reproduktives Klonen beschränkter gemeineuropäischer Konsens

Vor allem aber besteht nur für das kategorische Verbot des reproduktiven Klonens (gegenwärtig) ein klarer, mit dem Schutz der Menschenwürde argumentierender europaweiter bioethischer Konsens[269], wie er sich ausdrücklich und insoweit paradigmatisch z.B. in der (vom Europäischen Parlament, vom Rat der Europäischen Union und von der Europäischen Kommission gemeinsam proklamierten) Charta der Grundrechte der Europäischen Union vom 7. Dezember 2000 manifestiert, die in Art. 3 Abs. 2, 4. Spiegelstrich nur ein „Verbot des reproduktiven Klonens von Menschen“ normiert. Damit konnte sich das Europäische Parlament mit seiner vorangegangenen weitergehenden Verwerfung auch des therapeutischen Klonens in seiner Erklärung zum Klonen von Menschen vom 7. September 2000[270] nicht

---

[263] Art. 9 Abs. 2 *lit.* a BioPatRL i.d.F. der Legislativen Entschließung (o. Fn. 175).

[264] Geänderter Vorschlag für eine Richtlinie des Europäischen Parlaments und des Rates über den rechtlichen Schutz biotechnologischer Erfindungen, KOM/97/0446 endg. (ABl. Nr. C 311 vom 11.10.1997, 12).

[265] Art. 6 Abs. 2 *lit.* a BioPatRL i.d.F. des Gemeinsamen Standpunkts (EG) Nr. 19/98 (o. Fn. 123).

[266] Ziff. 35 der Begründung des Rates im Gemeinsamen Standpunkt (EG) Nr. 19/98 (o. Fn. 123).

[267] Ziff. 35 der Begründung des Rates im Gemeinsamen Standpunkt (EG) Nr. 19/98 (o. Fn. 123).

[268] A.A. „Opinion of the European Group on Ethics“ (o. Fn. 21), 17.

[269] Ebenso NATIONALER ETHIKRAT (o. Fn. 21), 30 f.; „Opinion of the European Group on Ethics“ (o. Fn. 21), 16; CASTELLANET (o. Fn. 52), 322 f.; PLOMER et al. (o. Fn. 6), 61, 71.

[270] Ziff. 2 bis 4, 9 und 10 der Entschließung des Europäischen Parlaments zum Klonen von Menschen, B5-0710, 0751, 0753 und 0764/2000.

gegenüber den anderen Gemeinschaftsorganen, insbesondere nicht gegen den Rat, in dem alle EG-Mitgliedstaaten durch ihre nationalen Vertreter repräsentiert sind, durchsetzen. Darunter leidet gerade auch die neuerliche „Ablehnung des Klonens von Menschen in allen Phasen ihrer Entwicklung" (und damit wohl auch des therapeutischen Klonens[271]) durch das Parlament in seiner Entschließung über die Patente für biotechnologische Erfindungen vom 26. Oktober 2005[272].

Einen Beleg dafür, dass umgekehrt ein gemeineuropäischer bioethischer Konsens über die Ächtung des therapeutischen Klonens (vor allem wegen – durchgreifenden – Zweifeln an der Tragfähigkeit des Menschenwürdearguments) nicht nachweisbar ist[273], bildet etwa die Spaltung der europäischen Staaten im Rahmen der Verhandlungen über eine UN-Konvention zum Verbot des Klonens, die gerade an der Frage einer Einbeziehung auch des therapeutischen Klonens in das Verbot scheiterte. Das therapeutische Klonen vom Klonverbot ausnehmen wollten unter anderem zahlreiche europäische Staaten[274]. Eine noch größere Zahl europäischer Staaten[275] stimmte gegen die schließlich verabschiedete, auch das therapeutische Klonen erfassende, aber rechtlich unverbindliche UN-Deklaration zum Klonen[276].

Auch das Klonprotokoll des Europarats bestätigt das Fehlen eines gesamteuropäisch konsentierten Verbots des therapeutischen Klonens[277]. Zwar erfasst das dort vorgesehene Klonverbot, d.h. das Verbot, „ein menschliches Lebewesen zu erzeugen, das mit einem anderen lebenden oder toten menschlichen Lebewesen genetisch identisch ist" (Art. 1 Abs. 1 Klonprotokoll), auch die Technik des Zellkerntransfers (vgl. Art. 1 Abs. 2 i.V. mit Erwägungsgrund 1 Klonprotokoll). Jedoch überlässt das Klonprotokoll den Vertragsstaaten und deren nationalem Recht, die Reichweite des Begriffs „menschliches Lebewesen" zu definieren[278]. Damit darf das Klonverbot im nationalen Recht der Vertragsstaaten auf ein Verbot des reproduktiven Klonens reduziert werden, indem der Begriff „menschliches Lebewesen" auf „geborene Menschen" beschränkt wird.

Freilich verbietet Art. 18 Abs. 2 Biomedizinkonvention das Erzeugen menschlicher Embryonen zu Forschungszwecken und damit das – gegenwärtig allein der Forschung dienende – therapeutische Klonen. Allerdings ist insoweit wiederum zu bedenken, dass die Biomedizinkonvention nur von 20 der insgesamt 46 Europarats-

---

[271] CASTELLANET (o. Fn. 52), 323.

[272] Ziff. 3 der Entschließung des Europäischen Parlaments über die Patente für biotechnologische Erfindungen (P6_TA[2005]0407).

[273] Ebenso „Opinion of the European Group on Ethics" (o. Fn. 21), 17; PLOMER et al. (o. Fn. 6), 71.

[274] Siehe den unter anderem von Belgien, Dänemark, Finnland, Großbritannien, Island, Liechtenstein, Schweden, der Schweiz und Tschechien unterstützten „Resolutionsentwurf über eine Internationale Konvention gegen das reproduktive Klonen von Menschen", UN Doc. A/C.6/58/L.8.

[275] Belgien, Bulgarien, Dänemark, Estland, Finnland, Frankreich, Großbritannien, Island, Lettland, Litauen, Luxemburg, die Niederlande, Norwegen, Schweden, Spanien, Tschechien und Zypern.

[276] United Nations Declaration on Human Cloning, UN Doc. A/Res/59/280.

[277] Ebenso im Ergebnis PLOMER et al. (o. Fn. 6), 63.

[278] Ziff. 6 des Explanatory Report zum Klonprotokoll.

staaten ratifiziert worden ist. Nicht zu den Vertragsstaaten gehören dabei gerade solche europäischen Staaten (nämlich Belgien, Großbritannien und Schweden), in welchen das therapeutische Klonen zum Zweck der Stammzellgewinnung erlaubt ist[279]. Darüber hinaus gibt die Biomedizinkonvention aus sich heraus keinen Aufschluss darüber, welche menschliche embryonale Entität bereits einen als prinzipiell schutzwürdig anerkannten „Embryo“ im Sinne der Konvention konstituiert. Mit Rücksicht auf die insoweit erheblich divergierende Rechtslage in den europäischen Staaten[280] dürfte die Befugnis zur Legaldefinition bei den Vertragsstaaten verblieben sein.

e Zusammenfassung

Nach alledem steht der ethisch motivierte Ausschlussgrund „Verfahren zum Klonen von menschlichen Lebewesen“ (Art. 6 Abs. 2 *lit.* a BioPatRL, R. 28 *lit.* a AO, § 2 Abs. 2 Satz 1 Nr. 1 PatG) der Patentierung von Verfahren zum therapeutischen Klonen nicht entgegen.

4.1.2 Allgemeiner ordre public- und Sittlichkeitsvorbehalt (Art. 6 Abs. 1 BioPatRL, Art. 53 lit. a EPÜ, § 2 Abs. 1 PatG)

Speziell in Deutschland könnte freilich die Patentierung von Verfahren zum therapeutischen Klonen über den allgemeinen *ordre public*- und Sittlichkeitsvorbehalt des § 2 Abs. 1 PatG ausgeschlossen sein (nicht dagegen über den gelisteten, einen gemeineuropäischen bioethischen Konsens voraussetzenden Ausschlusstatbestand § 2 Abs. 2 Satz 1 Nr. 1 i.V.mit Satz 2 PatG i.V. mit § 6 Abs. 1 ESChG)[281]. Ein – wegen § 2 Abs. 1 Halbs. 2 PatG – bloßes Indiz hierfür könnte das strafbewehrte Verbot des Klonens in § 6 Abs. 1 ESchG bilden.

Allerdings ist weder (höchst-)gerichtlich geklärt noch herrscht in der Literatur Einigkeit darüber, ob dieses Klonverbot auch das therapeutische Klonen umfasst[282]. Dieses gravierende Maß an Rechtsunsicherheit liegt in der völlig verunglückten Legaldefinition des Embryos in § 8 Abs. 1 ESchG begründet. Darüber hinaus ist aber auch das verfassungsrechtliche Schrifttum in der Frage des rechtlichen Status des Embryos heillos zerstritten[283]. Je nach Gang und Ergebnis der Argumentation erscheint danach nicht nur das therapeutische Klonen als verfassungsrechtlich zulässig, sondern könnte sich ein etwaiges Verbot des therapeutischen Klonens sogar als verfassungswidrig erweisen. Dabei spiegelt sich in dieser Kontroverse wiederum die bioethische Debatte, wie sie z.B. in der Ethik und der Theologie, in den Kirchen, in Politik und Medien sowie in der Gesellschaft geführt wird. Daraus muss richtigerweise der Schluss gezogen werden, dass sich (gegenwärtig) auch in Deutschland keine rechtlichen oder moralischen Fundamentalnormen i.S. des *ordre*

---

[279] Siehe auch PLOMER et al. (o. Fn. 6), 57 f. und oben in und bei Fn. 96 bis 97.

[280] PLOMER et al. (o. Fn. 6), 79 ff.

[281] Zur Begründung siehe oben in und bei Fn. 88 bis 91.

[282] Siehe auch NATIONALER ETHIKRAT (o. Fn. 21), 31.

[283] Siehe nur mit umfassenden Nachweisen DEDERER, „Verfassungskonkretisierung im Verfassungsneuland: das Stammzellgesetz“, JZ 2003, 986 ff. (988).

public- und Sittlichkeitsvorbehalts des § 2 Abs. 1 PatG nachweisen lassen, welchen das therapeutische Klonen widerstreiten würde.

4.2 „Therapeutischer Klon“ als solcher

Der therapeutische Klon als solcher stellt einen menschlichen Embryo dar, bildet also ein Stadium in der Entstehungs- bzw. Entwicklungsphase des menschlichen Körpers. Damit ist eine Patentierung des therapeutischen Klons selbst kategorisch ausgeschlossen (vgl. Art. 5 Abs. 1 BioPatRL, R. 29 Abs. 1 AO, § 1a Abs. 1 PatG)[284].

5 Schlussbemerkung

Zusammenfassend ist festzuhalten, dass nach der hier vertretenen Auffassung sowohl human-embryonale Stammzellen (bzw. -kulturen oder -linien) als solche als auch Verfahren zu ihrer Gewinnung sowie Verfahren unter Verwendung human-embryonaler Stammzellen (unter Einschluss der daraus resultierenden Erzeugnisse und deren Verwendungen) grundsätzlich ebenso patentierbar sind wie Verfahren des therapeutischen Klonens. Eindeutig nicht patentierbar ist nur der therapeutische Klon als solcher.

Demgegenüber stellt sich die Spruchpraxis des EPA zur Patentierung auf dem Gebiet der human-embryonalen Stammzellforschung und des therapeutischen Klonens bisher als sehr restriktiv dar. Andererseits erscheint sie noch nicht vollends gefestigt. Wesentliche Neuorientierungen könnten Entscheidungen der Beschwerkammern bieten, vor denen gleichsam „Musterverfahren“, wie das „*Edinburgh*-Patent“ und die Anmeldung des *WARF*-Patents, anhängig sind.

Nach der hier vertretenen Auffassung bestehen hinreichend tragfähige, überzeugende Argumente dafür, die Praxis des EPA an die großzügigere Praxis nationaler Patentämter (nicht nur außerhalb Europas) auf dem Gebiet der Patentierung von Forschungsergebnissen im Zusammenhang mit human-embryonalen Stammzellen und dem therapeutischen Klonen weitgehend anzunähern. Dies läge vor allem auch im Interesse der Patienten mit schweren, bisher unheilbaren Krankheiten. Deren Hoffnungen richten sich nicht ohne Grund auf Erfolge der human-embryonalen Stammzellforschung und den sich daraus für die regenerative Medizin ergebenden therapeutischen Möglichkeiten. Anreize zu darauf gerichteter Forschungsarbeit aber kann (und soll) gerade auch das (Bio-)Patentrecht setzen[285].

---

[284] Ebenso BÜHLER (o. Fn. 52), 573.

[285] In diesem Sinne auch schon Erwägungsgrund 17 der BioPatRL sowie KOMMISSION DER EUROPÄISCHEN GEMEINSCHAFTEN, KOM (2002), 545 endg. (o. Fn. 11), 25.

Patentability of Research Results in Connection with Human-Embryonic Stem Cells, especially with the So-Called Therapeutic Cloning – Chinese Points of View

*Tang Guangliang**

1 Public Awareness and Concern 65
2 Legal Position with regard to the so-called Therapeutic Cloning 66
2.1 Chinese Viewpoints with respect to the United Nations Declaration on Human Cloning 66
2.2 Current Status of Therapeutic Cloning Research in China 67
2.3 Related legislation and policy-making 68
2.4 Comments on the American View 68
3 Patentability of the Research Results in Connection with Human-embryonic Stem Cells 68
3.1 Article 5 of the Patent Law and the related Examination Guides 68
3.2 Article 25 of Patent Law and related Patent Examination Guides 69
3.3 Patentable Subject Matter from Therapeutic Cloning Research Results 70
3.3.1 Processes and equipments of nucleus extraction from somatic stem cell 70
3.3.2 Ambient conditions for the fertilized ovum to develop into an embryo 71
3.3.3 Processes and equipments for obtaining stem cells from human embryos 71
3.3.4 Processed and equipments for further development of stem cells 71
3.3.5 processes and equipments of transplantation 71
4 Ethical Rules for Human-embryonic Stem Cell Cloning 72

1 Public Awareness and Concern

Due to the huge market potential in the stem cell research field, especially in the field of embryonic stem cell research, some scientists have predicted that effective stem cell treatment for diabetes, liver and blood diseases, Alzheimer disease, etc. will go to clinical practice in the near future. According to reports, the potential market return of stem cell treatment will amount to ca. $80 billion in the nearest future and, if the related pharmaceutical products are combined, the market size will amount to $400 billion in 2020.[1]

Facing such great commercial opportunities, an increasing number of investors have focused on this promising field. During the past two years alone, dozens of stem cell related companies were set up in the United States. The same development has been observed recently in China; no one knows how many institutes or working groups are engaged in human stem cell research. Among those which are known, the

* Associate Professor, China Academy of Social Sciences, Beijing.

1 Stem Cell Research, New Tide in the New Century. --http://health.sohu.com/61/48/harticle15144861.shtml.

J. Straus et al. (eds.), *Patentschutz und Stammzellforschung: Internationale und rechtsvergleichende Aspekte*, MPI Studies on Intellectual Property, Competition and Tax Law 13, DOI 10.1007/978-3-642-02496-2_3, © Springer-Verlag Berlin Heidelberg 2009

majority are engaged in a limited number of treatment areas such as diabetes, Parkinson's disease, Alzheimer's, serious hepatitis, leukaemia and tissue therapy.[2]

To the general public, stem cell research and therapeutic cloning is a new area of discussion in spite of many years of prior basic research in these areas. One thing that is unique about this area of research is that it involves the treatment of human genetic materials, including cells and even embryos, and therefore involves issues which are widely regarded as closely related to the dignity of the life of human beings. For this reason, the public in most parts of the world are very sensitive about such research. The United States and most European countries expressly refuse to grant government permission and financial aid to therapeutic cloning research while other countries, including China and most Asian countries, have adopted relatively free and flexible policies in this field.

Although policies regarding this matter are very different, public awareness is not so different from country to country. In the absence of international legal harmonization and harmonized policy-making, and due to the fact that the policies at a country level are not very clear and the social effects of therapeutic cloning have not yet been observed in practice, there are at least two questions which have yet to be answered. The first question is whether therapeutic cloning corresponds to morality, and the second is whether the results of therapeutic cloning research should be patented.

This article tries to find answers for these two questions in the light of Chinese culture and politics and in the light of the legal circumstances.

2 Legal Position with regard to the so-called Therapeutic Cloning

2.1 Chinese Viewpoints with respect to the United Nations Declaration on Human Cloning

On March 8, 2005, the General Assembly of the United Nations passed a Declaration on Human Cloning, which called all the Member States to: (1) adopt all measures necessary to adequately protect human life in the application of life sciences; (2) to prohibit all forms of human cloning inasmuch as they are incompatible with human dignity and the protection of human life; (3) to adopt the measures necessary to prohibit the application of genetic engineering techniques that may be contrary to human dignity; and (4) to take measures to prevent the exploitation of women in the application of life sciences.[3]

Countries like China, the United Kingdom, Sweden, Japan, Belgium and Singapore dissented during the Sixth Committee's vote on Feb. 18, 2005 because the declaration aimed at prohibiting all forms of human cloning including the so-called therapeutic cloning. As a person with a legal background, the author does not agree

---

2 Stem cell research industry meets troubles. --http://dep2.daifumd.com/_daifumd/jsp/yartdetails_87206.html.

3 Press release at www.un.org/News/Press/docs/2005/ga10333.doc.htm.

to this rigid official attitude of China and its allies as the Declaration aims at prohibiting those "forms of human cloning which are incompatible with human dignity and the protection of human life". This wording does not necessarily include "therapeutic human cloning".

With regard to the reasons for China's opposition, Professor Qiu Renzhong from the Chinese Academy of Social Sciences, one of China's leading scholar in the area of ethics, stated that China does not agree with the view that an embryo could be equated to life. It is of the opinion that the use of human embryos will not harm the human dignity and life in any sense. To the contrary, using human embryonic stem cells in order to develope special tissues and organs for the purpose of treating disease and their prevention will be to the benefit of the humanity as a whole and will present a kind of social progress worth of legal protection.

Most Chinese scholars in the ethics and life science area share this view. Their main arguments are:

(1) A single germ cell would neither have a neural system nor senses. To protect the rights of a germ cell which is not a human being and ignore the interests of hundreds of thousands of patients, who could be cured thanks to therapeutic cloning techniques, would harm social progress.
(2) Therapeutic cloning would open up prospects for the replacement of dead stem cells and therefore improve the health of individuals and of the entire mankind.
(3) The UN political statement claims to protect human dignity and life, but this would be the precise objective of research in these areas.
(4) Aborting a three-month-old fetus would be widely accepted as a measure of population control and both scientists and the general public would not find it objectionable to use cells taken from an aborted embryo if it is going to keep others alive. Most researchers agree that a human embryo does not feel pain during its first 8 to 13 days.

2.2 Current Status of Therapeutic Cloning Research in China

Cloning has been been a hot topic in China since the late 1990s. China's first cloned cow was born in Shenzhen in October 2001 but died merely one hour and twenty minutes after birth due to milk chocking.[4]

In 2001, the Animal Research Institute of the Chinese Academy of Sciences conducted scientific research on "somatic cell cloning of livestock". At the beginning of 2004, fourteen somatic cell cloned cows were born. Five of them survived, but it is not clear what has happened to them today.

On December 24, 2003, the Ministry of Science and Technology and the Ministry of Health issued the first Ethical Guidance for Human Embryonic Stem Cell Research and officially expressed their support of human embryonic stem cell research for therapeutic purposes. They clarified that human embryonic stem cells can only be utilized for research purposes and that only the use of stem cells from a

---

[4] See webpage at http://popul.jqcq.com/focus/2001-10/1003134472.html.

donor or from aborted fetuses may be used. At the same time, they clearly prohibited research on human cloning (reproductive cloning).[5]

According to news reports, dozens of therapeutic cloning institutions, including the two National Human Genome Centers in the country, have achieved some promising intermediate results over the past years. Tissues like bone, cartilage, blood vessel, skin and even nerve tissue originating from embryonic stem cells have been tested in the human body. Meanwhile, organs like the liver, pancreas, heart, ear and fingers are developing and forming in laboratories. Experts believe that in future, China will become one of the most important research bases for therapeutic cloning.[6]

2.3 Related legislation and policy-making

Even though both officials and academics announced that China will continue to support therapeutic cloning, a clear regulation of the subject matter is not yet in place. Even a legislation plan, or at least a written policy document on how to deal with these issues, is widely absent. A legal framework which clarifies the legal boundaries for permitted use in the course of pharmaceutical research is urgently needed as moral and ethical rules alone will hardly prevent commercial exploitation of human material of any form and kind.

2.4 Comments on the American View

Some Chinese scientists believe that the reason for the United States' opposition against therapeutic cloning was grounded on commercial reasons rather than on concerns with the dignity of human life. At that time, the United States already had 78 embryonic stem cell lines under their control to which researchers had free access, and some commentators allege that they wanted to maintain this supremacy and monopoly in the field, which would be the case if the cloning activities in all other countries were prohibited.

3 Patentability of the Research Results in Connection with Human-embryonic Stem Cells

3.1 Article 5 of the Patent Law and the related Examination Guides

Another, strongly related discussion is whether patenting of results of stem cell related research, especially therapeutic cloning, should be permitted. Article 5 of the Chinese Patent Law[7] provides that inventions incompatible with law, social morality or public interests shall not be patented. Based on this provision, the Examination

---

[5] Ethical Guidance for Human Embryonic Stem Cell Research, see webpage at: http://bioop.com/dedecms3/html/biosafe//2006/1014/13256.html.

[6] China will become a international research base for therapeutic cloning, see webpage at: http://www.gzkj.gov.cn/kjxx/newsDetail.jsp?infoId=46127.

[7] Gazette of the State Council 30/2000, 9; English in China Patents & Trademarks 4/2000, 83.

Guidelines 9.1.1.1 and 9.1.1.2 have listed the following items as unpatentable subject matter: (a) human-embryonic stem cells and the preparation process thereof; (b) the human body at all stages of forming and developing, including a productive cell, a fertilized ovum, an embryo and the fetus.

Apart from this administrative provision in the guidelines, there is no other legal rule which would exclude human-embryonic stem cells from patent protection. Meanwhile, almost all commentators agree with the view that these kinds of research will benefit public interests in the health care sector and in saving lives. The only reason not to grant patents for such research results are moral and ethical considerations.

According to the leading opinion in China, as represented by the Professor Qiu Renzhong (see above) and other professors from the Chinese Academy of Social Sciences involved in the philosophical field, human-embryonic stem cells research does not conflict with the traditional culture. They hold that according to China's traditional view, a life starts at the minute a fetus is born. According to this view, an embryo without nerves would not yet be "a life". Therefore, from a Chinese ethical perspective, tests on human cells and use of stem cells to benefit patients and improve medical treatment would be fully justifiable.

If their opinion is correct, the Patent Examination Guidelines should be amended as it would not correspond to the Chinese ethical view to categorically exclude such inventions from patent protection.

The author does not share the views of Chinese ethical experts on Chinese traditional culture found above. In ancient times, life sciences did not exist, and Chinese philosophy does not give an answer to the question as to which moment human life begins. A qualified answer can only be given by modern life sciences and not with reference to Chinese traditional views. As long as we have to wait for a definite answer, the Patent Office should maintain its current examination and grant practice.

3.2 Article 25 of Patent Law and related Patent Examination Guides

Pursuant to Article 25 of the Patent Law, the following items are not patentable because of their nature: (a) scientific discoveries; (b) rules and methods of mental activities; (c) diagnostic and treatment process for disease; (d) animal and plant varieties; and (e) materials from nuclear transformation (fission and fusion) and the process thereof.

On grounds of this provision, the Patent Office, through the Patent Examination Guidelines, elaborated the following interpretations:

(1) Genes or fragments of DNA found in nature or existing in their natural state are kinds of discoveries which cannot be patented; but the gene or DNA fragment first isolated or extracted, and the process thereof are patentable, provided that the gene or DNA fragment can be clearly characterized and is industrially useful, and the basic group sequence of which has not been recorded in existed technologies (Article 9.1.2.2 of the Examination Guide).

(2) Animal-embryonic stem cells, an individual animal and all stages of formation and development form non-patentable animal varieties under Article 25 of the

Patent Law, but the somatic cells, the tissues and organs except embryos do not correspond to the definition of "animal" in the sense of the Examination Guide so that they are not covered by Article 25 of the Patent Law (Article 9.1.2.3 of the Examination Guide).

(3) Plants and genetic material from plants (such as germs, etc) which exist on grounds of carbohydrate and protein compounds, which use water, carbon dioxide and inorganic salt, etc. with the aid of photosynthesis, constitute plant varieties in the sense of the Examination Guidelines and form non-patentable subject matter according to Article 25 of the Patent Law. Plant cells, tissues and organs without the mentioned characteristics do not correspond to plant varieties, so that they are not covered by Article 25 of the Patent Law.[8]

Following the above rules and interpretations, appropriate conclusions in relation with the human-embryonic stem cells research result might be:

(1) An individual human body at all stages of its formation and development, including stem cells, fertilized ova, embryos and the fetus, are not patentable;
(2) Genes and DNA fragments in their natural state are not patentable, but the genes or DNA fragments first isolated from a human body which could clearly be characterized and are industrially useful, the basic group sequence of which has not been recorded in existed technologies, as well as the process of isolation, are patentable;
(3) Human tissues and organs produced by cloning processes from the pluripotent stem cells or unipotent stem cells, and the industrially useful process of cloning might be patentable.

3.3 Patentable Subject Matter from Therapeutic Cloning Research Results

Further legal provisions which would exclude certain biotechnological subject matter from patentability are absent. Therefore, the research results underlined below at certain stages of stem cell research should be patentable:

3.3.1 Processes and equipment for the extraction of the nucleus from somatic stem cells

In the procedure of somatic stem cell cloning, the key step might be the extraction of a complete and healthy nucleus with the needed genetic information from a somatic stem cell. There may be one or even a few methods of extraction which prove successful in most cases, whereas alternative methods or processes may still be invented or created.

---

[8] However, plant variety protection in accordance with the standards of UPOV (1978) to which China has been a member since August 29, 1998, is available under the State Council's "Regulations on the Protection of New Plant Varieties" of March 20, 1997, Gazette of the State Council 12/1997, 550; English in China Patents & Trademarks 3/1997, 99.

Even though stem cell cloning as a whole may be considered a therapeutic or treatment process, the isolation process itself does not necessarily correspond to "medical treatment". Therefore, it is not categorically excluded from patentable subject matter pursuant to Article 25 of the Patent Law. Consequently, equipment used in the course of isolation should also be patentable.

3.3.2 Ambient conditions for the fertilized ovum to develop into an embryo

According to the generally accepted ethical rules, it is not permitted to imbed an ovum fertilized for therapeutic purposes in a woman's uterus. This means that only *in vitro* therapeutic cloning is permitted. However, ensuring that the fertilized ovum will develop to a normal embryo and segmenting it into the needed cell masses are still unsolved technical problems. Obviously, processes and equipment used to create the appropriate ambient conditions for the development of therapeutic cloning should be regarded as patentable subject matter.

3.3.3 Processes and equipment for obtaining stem cells from human embryos

After 8 to 13 days, the development of the embryo has to be stopped, so as to start with the stem cell isolation procedure. As each cell mass has the same genetic characteristics, only one or two of them must be isolated from the embryo. One or two stem cells extracted should also suffice.

During this procedure, special processes and equipments will be necessary, which will be patentable under the law. Then, the remaining cell masses and stem cells should be treated with care, e.g. deposited or destroyed. The processes and equipment used for such deposition or destruction may also be patentable.

3.3.4 Processes and equipment for further development of stem cells

Upon isolation, stem cells need to be cultured in order to produce the special cells which are necessary to obtain tissues or organs. All the procedures can only be finished in an artificial environment. Compared with stem cell isolation from the embryo, the procedures at this stage are much more complicated and difficult. Processes and equipment use at this can be patentable subject matter

3.3.5 Processes and equipment for transplantation

Stem cells, tissues or organ transplantations could be the final step of stem cell treatment as immunosuppressive therapy will become unnecessary because of the genetic-identity characteristic of stem cell treatment. Essentially, a transplant is a kind of clinical method and therefore excluded from patentability; as a result, the process of transplantation might be unpatentable, but the equipment used would be patentable.

4 Ethical Rules for Human-embryonic Stem Cell Cloning

In October 2001, the National Human-genome Center in Shanghai published its Suggested Ethical Rules Concerning Human-embryonic Stem Cells Research. They suggest the application of five basic principles, namely (a) show mercy and save life; (b) respect and self-decision; (c) no harm and benefit; (d) informed consent; and (e) prudence and secrecy.

Based on these principles, the detailed rules for research are: (a) reproductive cloning will be strictly prohibited; (b) the egg cell must be the surplus of a human assisted reproduction procedure and be donated by the infertile couple (c) embryos formed by somatic cell nucleus transplant shall not be imbedded in a woman's uterus; and (d) human-animal cell mix technology may be used only in non-clinical application research, and should meet all the three requirements above.

Die Regelung der Patentierung von Erfindungen mit embryonalen Stammzellen in der Schweiz, in Frankreich, in Österreich und in Italien

*Rainer J. Schweizer**

1 Einleitung 73
2 Zur Schweiz 74
  2.1 Verfassungsvorgaben 74
  2.2 Legislatorische Umsetzung 75
    2.2.1 Fortpflanzungsmedizingesetz 75
    2.2.2 Der Umgang mit überzähligen Embryonen 76
    2.2.3 Stammzellenforschungsgesetz 77
  2.3 Teilrevision des schweizerischen Patentgesetzes 78
    2.3.1 Revision im Rahmen des Stammzellenforschungsgesetzes 78
    2.3.2 Revision vom 22. Juni 2007 79
      2.3.2.1 Der menschliche Körper und seine Bestandteile 80
      2.3.2.2 Schutz der Menschenwürde und der Würde der Kreatur 81
      2.3.2.3 Ausnahmen von den Wirkungen eines Patentes 83
    2.3.3 Würdigung 85
3 Frankreich 85
  3.1 Regelungen zur Forschung an Embryonen und embryonalen Stammzellen 85
  3.2 Novellierung des Code de la propriété intellectuelle 87
4 Österreich 88
  4.1 Novelliertes Patentgesetz vom 9. Juni 2005 88
  4.2 Würdigung der österreichischen Umsetzung der Richtlinie 98/44/EG 89
5 Italien 90
  5.1 Novellierung vom 22. Februar 2006 90
  5.2 Würdigung der italienischen Umsetzung der Richtlinie 98/44/EG 92
6 Schlussbetrachtungen 93

1 Einleitung

Dieser Beitrag enthält einen Bericht über die Gesetzgebung in Frankreich, Österreich, Italien und der Schweiz. Die Reihenfolge der Länder wurde nach der zeitlichen Reihe der Gesetzgebung bestimmt. Für Frankreich, Österreich und Italien als EU-Mitgliedstaaten stellte sich die Aufgabe, die Richtlinie 98/44/EG des Europäischen Parlaments und des Rates vom 6. Juli 1998 über den rechtlichen Schutz biotechnologischer Erfindungen[1] umzusetzen.[2] Die Schweiz ist nicht Mitglied der

---

* Dr. jur., Professor für Öffentliches Recht einschließlich Europarecht und Völkerrecht, Universität St. Gallen. Für die wertvolle Mitarbeit am Publikationsbeitrag danke ich Herrn M.A. HSG Jérôme Baumann bestens.

[1] Amtsblatt der Europäischen Gemeinschaften L 213 vom 30. Juli 1998, 13-21.

[2] Vgl. zur Patentierbarkeit von biotechnologischen Erfindungen nach der Richtlinie 98/44/EG KÖNIG/ MÜLLER, „EG-Rechtlicher Schutz biotechnologischer Erfindungen am Beispiel von

J. Straus et al. (eds.), *Patentschutz und Stammzellforschung: Internationale und rechtsvergleichende Aspekte*, MPI Studies on Intellectual Property, Competition and Tax Law 13, DOI 10.1007/978-3-642-02496-2_4, © Springer-Verlag Berlin Heidelberg 2009

Europäischen Union, jedoch als assoziierter Staat und insbesondere auch als Mitglied des EPÜ[3] an einer harmonisierten Gesetzgebung interessiert. Am 10. Juni 1998 hat eine Motion im Eidgenössischen Parlament[4] den Schweizerischen Bundesrat (die Bundesregierung der Schweiz) aufgefordert, das schweizerische Patentgesetz[5] an die am 6. Juli 1998 erlassene EG-Richtlinie sinngemäss anzupassen. Bezüglich einer allfälligen Patentierung von Erfindungen mit Stammzellen ist die entsprechende Regelung schon im Zusammenhang mit dem Bundesgesetz vom 19. Dezember 2003 über die Forschung an embryonalen Stammzellen (Stammzellenforschungsgesetz[6]) erfolgt. Eine umfassende Anpassung des Patentgesetzes ist am 22. Juni 2007 vom Parlament angenommen worden.

2 Zur Schweiz

2.1 Verfassungsvorgaben

Ausgangspunkt für die politische und rechtliche Diskussion über die Nutzung der Biotechnologie in der Schweiz ist **Artikel (Art.) 119 der Schweizerischen Bundesverfassung**[7]. Diese Bestimmung geht auf eine Änderung des Bundesverfassungsrechts vom 17. Mai 1992 (Art. 24^{novies} alte Bundesverfassung) zurück[8] und wurde mit minimalen Änderungen in die neue Bundesverfassung der Schweizerischen Eidgenossenschaft vom 18. April 1999 aufgenommen.[9] Art. 119 Bundesverfassung lautet:

Klonverfahren und menschlichen Stammzellen", EuZW 1999, 681-688 oder HERDEGEN, „Die Patentierbarkeit von Stammzellen nach der Richtlinie 98/44/EG", GRUR Int. 2000, 859-863.

3 Übereinkommen über die Erteilung europäischer Patente vom 5. Oktober 1973, SR 0.232.142.2. Einsehbar unter: http://www.admin.ch/ch/d/sr/0_232_142_2/index.html.

4 Die Motion Leumann-Würsch (98.3243) ist am 1. Oktober 1998 vom Ständerat und am 20. April 1999 vom Nationalrat angenommen worden (siehe dazu Amtliches Bulletin Nationalrat 1999, 657). Die Motion kann unter http://www.parlament.ch eingesehen werden.

5 Bundesgesetz vom 25. Juni 1954 über Erfindungspatente (Patentgesetz, PatG), SR 232.14. Das Patentgesetz ist einsehbar unter: http://www.admin.ch/ch/d/sr/c232_14.html.

6 Bundesgesetz vom 19. Dezember 2003 über die Forschung an embryonalen Stammzellen (Stammzellenforschungsgesetz, StFG), SR 810.31. Das Stammzellenforschungsgesetz ist einsehbar unter: http://www.admin.ch/ch/d/sr/c810_31.html.

7 Bundesverfassung der Schweizerischen Eidgenossenschaft vom 18. April 1999, SR 101. Die Bundesverfassung ist einsehbar unter: http://www.admin.ch/ch/d/sr/101/index.html.

8 Ausführlich zur Entstehungsgeschichte SCHWEIZER, in: AUBERT/EICHENBERGER/MÜLLER/RHINOW/SCHINDLER (Hrsg.), „Kommentar zur Bundesverfassung der schweizerischen Eidgenossenschaft vom 29. Mai 1874", Basel/Zürich/Bern 1987-1996 (nachfolgend „Kommentar zur alten Bundesverfassung"), Kommentar zu Art. 24^{novies}, Rn 1 ff.

9 SCHWEIZER, in: EHRENZELLER/MASTRONARDI/SCHWEIZER/VALLENDER (Hrsg.), „Kommentar zur Schweizerischen Bundesverfassung (St. Galler Kommentar)", Zürich/St. Gallen 2008, Kommentar zu Art. 119 Bundesverfassung, Rn 2.

*„Art. 119 **Fortpflanzungsmedizin und Gentechnologie im Humanbereich***
[1] Der Mensch ist vor Missbräuchen der Fortpflanzungsmedizin und der Gentechnologie geschützt.
[2] Der Bund erlässt Vorschriften über den Umgang mit menschlichem Keim- und Erbgut. Er sorgt dabei für den Schutz der Menschenwürde, der Persönlichkeit und der Familie und beachtet insbesondere folgende Grundsätze:
a. Alle Arten des Klonens und Eingriffe in das Erbgut menschlicher Keimzellen und Embryonen sind unzulässig.
b. Nichtmenschliches Keim- und Erbgut darf nicht in menschliches Keimgut eingebracht oder mit ihm verschmolzen werden.
c. Die Verfahren der medizinisch unterstützten Fortpflanzung dürfen nur angewendet werden, wenn die Unfruchtbarkeit oder die Gefahr der Übertragung einer schweren Krankheit nicht anders behoben werden kann, nicht aber um beim Kind bestimmte Eigenschaften herbeizuführen oder um Forschung zu betreiben; die Befruchtung menschlicher Eizellen ausserhalb des Körpers der Frau ist nur unter den vom Gesetz festgelegten Bedingungen erlaubt; es dürfen nur so viele menschliche Eizellen ausserhalb des Körpers der Frau zu Embryonen entwickelt werden, als ihr sofort eingepflanzt werden können.
d. Die Embryonenspende und alle Arten von Leihmutterschaft sind unzulässig.
e. Mit menschlichem Keimgut und mit Erzeugnissen aus Embryonen darf kein Handel getrieben werden.
f. Das Erbgut einer Person darf nur untersucht, registriert oder offenbart werden, wenn die betroffene Person zustimmt oder das Gesetz es vorschreibt.
g. Jede Person hat Zugang zu den Daten über ihre Abstammung."

Im vorliegenden Zusammenhang ist namentlich Artikel Art. 119 Absatz Abs. 2 Buchstabe Bst. a relevant, wonach jegliche Art des Klonens und alle Eingriffe in das Erbgut von Gameten und Embryonen verboten ist. Zentral ist im Weiteren Art. 119 Abs. 2 Bst. c, wonach die Verfahren der assistierten Fortpflanzung nur so durchgeführt werden dürfen, dass in vitro erzeugte Embryonen unmittelbar eingepflanzt und nicht aufbewahrt und erst recht nicht bloss für Forschung genutzt werden dürfen. Schliesslich sei auch auf Art. 119 Abs. 2 Bst. d und e hingewiesen, welche die Kommerzialisierung von Embryonen und Produkten aus ebendiesen verbieten.

2.2 Legislatorische Umsetzung

2.2.1 Fortpflanzungsmedizingesetz

Dieser Verfassungsartikel über die Fortpflanzungsmedizin und die Gentechnologie von 1992/1999 wurde vor allem durch das **Bundesgesetz vom 18. Dezember 1998 über die medizinisch unterstützte Fortpflanzung (Fortpflanzungsmedizingesetz)**[10] umgesetzt. Dieses Gesetz enthält unter anderem verschiedene Strafbestim-

[10] Bundesgesetz vom 18. Dezember 1998 über die medizinisch unterstützte Fortpflanzung (Fortpflanzungsmedizingesetz, FMedG), SR 810.11. Das Fortpflanzungsmedizingesetz ist einsehbar unter: http://www.admin.ch/ch/d/sr/c810_11.html. Es legt fest, unter welchen Voraussetzungen

mungen, namentlich gegen missbräuchliche Gewinnung von Embryonen zu anderen Zwecken als zur Herbeiführung einer Schwangerschaft, gegen die über die Nidationsphase hinausgehende Entwicklung von Embryonen ausserhalb des Körpers der Frau (Ektogenese), gegen die Imprägnation oder Weiterentwicklung von embryonalem bzw. fötalem Erbgut, gegen den Handel mit menschlichem Erbgut oder Erzeugnissen aus Embryonen oder Föten, gegen die Selektion von Keimzellen aufgrund erblicher Eigenschaften ohne Vorliegen eines Rechtfertigungsgrunds, gegen Eingriffe in die Keimbahn an Keimbahnzellen oder embryonalen Zellen sowie gegen das Klonen und die Chimären- oder Hybridbildung.[11]

2.2.2 Der Umgang mit überzähligen Embryonen

Auch wenn nach Bundesverfassung und Fortpflanzungsmedizingesetz in der Schweiz in einem Behandlungszyklus der Fortpflanzungsmedizin nur möglich ist, imprägnierte Eizellen (Zygoten) zu kryokonservieren und es nicht – wie zum Teil in anderen Staaten – erlaubt ist, Embryonen auf Vorrat zu erzeugen, hat es dennoch auch in der Schweiz immer wieder Fälle gegeben, in denen Embryonen **überzählig** blieben. Überzählige, nicht mehr der Frau zu implantierende Embryonen gibt es namentlich, wenn die Frau oder das Paar von einer Behandlung zurücktritt, wenn die Frau erkrankt, verunfallt oder stirbt. Überzählige Embryonen gab es im Weiteren vor dem Inkrafttreten des Fortpflanzungsmedizingesetzes am 1. Januar 2001, als die Praktiken der assistierten Fortpflanzung noch nicht so streng gehandhabt worden sind wie nach dem heute geltenden Gesetz.[12] Überzählige Embryonen sind grundsätzlich zu vernichten, es sei denn, ein betroffenes Paar ist nach Aufklärung und mit schriftlicher Zustimmung bereit, die grundsätzlich zu vernichtenden Embryonen zu Forschungszwecken an Dritte abzugeben.[13]

Verfahren der medizinisch unterstützten Fortpflanzung beim Menschen durchgeführt werden dürfen (Art. 1 Abs. 1 Fortpflanzungsmedizingesetz). Es dient dem Schutz der Menschenwürde, der Persönlichkeit und der Familie und verbietet die missbräuchliche Anwendung der Bio- und Gentechnologie (Art. 1 Abs. 2 Fortpflanzungsmedizingesetz).

11 Vgl. Art. 29 bis 36 Fortpflanzungsmedizingesetz.

12 Der Bundesrat ist in der Botschaft zum Entwurf des Embryonenforschungsgesetzes vom 20. November 2002 von rund 1000 überzähligen Embryonen ausgegangen, die noch vor Inkrafttreten des Fortpflanzungsmedizingesetzes (1. Januar 2001) entstanden sind. Diese so genannt „altrechtlichen" Embryonen durften gemäss Fortpflanzungsmedizingesetz höchstens bis Ende 2005 zum Zweck der Fortpflanzung aufbewahrt werden. Embryonen, die nicht mehr zu diesem Zweck verwendet wurden oder die zu diesem Zeitpunkt noch aufbewahrt worden sind, dürfen nach Aufklärung und mit schriftlicher Einwilligung des Paares zu Forschungszwecken noch bis 31. Dezember 2008 aufbewahrt werden. Die genaue Anzahl überzähliger Embryonen, die in der Schweiz jährlich anfallen, ist nicht bekannt. Eine vom Bundesamt für Gesundheit im Frühjahr 2003 durchgeführte Umfrage bei den Kantonen hat ergeben, dass in den Jahren 2001 und 2002 je rund 200 überzählige Embryonen angefallen sind. Das Bundesamt für Statistik hat im Oktober 2006 erstmals Ergebnisse einer neuen Statistik über die medizinisch unterstützte Fortpflanzung veröffentlicht. Demnach sind im Jahr 2003 711 (potentiell) überzählige Embryonen angefallen und vernichtet worden.

13 Nach Art. 5 Abs. 1 Stammzellenforschungsgesetz darf ein überzähliger Embryo zur Gewinnung embryonaler Stammzellen nur verwendet werden, wenn das betroffene Paar schriftlich einge-

2.2.3 Stammzellenforschungsgesetz

Mit dem Aufkommen der Grundlagenforschung an menschlichen embryonalen Stammzellen (ab 1998) drängten auch in der Schweiz Wissenschafterinnen und Wissenschafter danach, von Embryonen im Blastozysten-Stadium Stammzellen zu gewinnen, um mit diesen sogenannten pluripotenten Stammzellen Grundlagenforschung zu betreiben. Das schweizerische Parlament hat am 19. Dezember 2003 das **Bundesgesetz über die Forschung an embryonalen Stammzellen (Stammzellenforschungsgesetz)** beschlossen.[14] Dieses wurde nach Einreichung eines Gesetzesreferendums im Jahre 2004 von den Stimmberechtigten in einer Volksabstimmung gebilligt. Das Stammzellenforschungsgesetz ist kein allgemeines Gesetz über die Forschung an Embryonen und embryonalen oder gonodalen Stammzellen. Das Parlament hat dieses spezielle Forschungsgesetz beschränkt auf die Regelung der Gewinnung embryonaler Stammzellen aus überzähligen Embryonen aus der Schweiz sowie auf Vorschriften für den Umgang mit auf solche Art gewonnenen embryonalen Stammzellen oder importierten embryonalen Stammzellen. Der Zweck des Gesetzes ist somit beschränkt. Art. 1 Abs. 1 lautet:

> *„**Art. 1 Gegenstand, Zweck und Geltungsbereich***
> *[1] Dieses Gesetz legt fest, unter welchen Voraussetzungen menschliche embryonale Stammzellen aus überzähligen Embryonen gewonnen und zu Forschungszwecken verwendet werden dürfen."*

Für die Forschung an embryonalen Stammzellen aus überzähligen Embryonen in der Schweiz bzw. an importierten embryonalen Stammzellen bestehen zum Schutz elementarer Verfassungsgüter und Grundrechte verschiedene zwingende Schranken.[15] Art. 3 Stammzellenforschungsgesetz bestimmt:

> *„**Art. 3 Verbotene Handlungen***
> *[1]Es ist verboten:*
> *a. einen Embryo zu Forschungszwecken zu erzeugen (Art. 29 Abs. 1 des Fortpflanzungsmedizingesetzes vom 18. Dez. 1998), aus einem solchen Embryo Stammzellen zu gewinnen oder solche zu verwenden;*
> *b. verändernd ins Erbgut einer Keimbahnzelle einzugreifen (Art. 35 Abs. 1 des Fortpflanzungsmedizingesetzes vom 18. Dez. 1998), aus einem entsprechend veränderten Embryo embryonale Stammzellen zu gewinnen oder solche zu verwenden;*

---

willigt hat. Bevor es seine Einwilligung erteilt, ist es mündlich und schriftlich in verständlicher Form über die Verwendung des Embryos hinreichend aufzuklären.

[14] Vgl. „Botschaft zum Bundesgesetz über die Forschung an überzähligen Embryonen und embryonalen Stammzellen" vom 20. November 2002, BBl 2002, 1167; zum Ganzen SCHWEIZER, „Verfassungs- und völkerrechtliche Vorgaben für den Umgang mit Embryonen, Föten sowie Zellen und Geweben", Gutachten zu Handen des Bundesamtes für Gesundheit, Zürich 2002.

[15] Dazu eingehend SCHWANDER, „Grundrecht der Wissenschaftsfreiheit im Spannungsfeld rechtlicher und gesellschaftlicher Entwicklungen", Bern 2002, 198 f.; SCHWEIZER (Fn 14), 69 f.; Vgl. zum Embryonenschutz und zu konkurrierenden Grundrechtsansprüchen auch das Gutachten des Bundesamtes für Justiz vom 17. November 1995 (VPB 60.67) sowie SCHWEIZER in: „Kommentar zur alten Bundesverfassung" (Fn 8), Rn 23 und 34 ff.

c. einen Klon, eine Chimäre oder eine Hybride zu bilden (Art. 36 Abs. 1 des Fortpflanzungsmedizingesetzes vom 18. Dez. 1998), aus einem solchen Lebewesen embryonale Stammzellen zu gewinnen oder solche zu verwenden;
d. eine Parthenote zu entwickeln, daraus embryonale Stammzellen zu gewinnen oder solche zu verwenden;
e. einen Embryo nach Buchstabe a oder b oder einen Klon, eine Chimäre, eine Hybride oder eine Parthenote ein- oder auszuführen.

²Es ist überdies verboten:
a. überzählige Embryonen zu einem anderen Zweck als der Gewinnung embryonaler Stammzellen zu verwenden;
b. überzählige Embryonen ein- oder auszuführen;
c. aus einem überzähligen Embryo nach dem siebten Tag seiner Entwicklung Stammzellen zu gewinnen;
d. einen zur Stammzellengewinnung verwendeten überzähligen Embryo auf eine Frau zu übertragen."

Zudem schränkt das Gesetz in Artikel 4 die kommerzielle Nutzung weitgehend ein:

„Art. 4 Unentgeltlichkeit
¹ Überzählige Embryonen und embryonale Stammzellen dürfen nicht gegen Entgelt veräussert oder erworben werden.
² Entgeltlich erworbene überzählige Embryonen und embryonale Stammzellen dürfen nicht verwendet werden.
³ Als Entgelt gilt auch die Entgegennahme beziehungsweise Gewährung nicht finanzieller Vorteile.
⁴ Entschädigt werden dürfen Aufwendungen für:
a. die Aufbewahrung oder Weitergabe überzähliger Embryonen;
b. die Gewinnung, Bearbeitung, Aufbewahrung oder Weitergabe embryonaler Stammzellen."

Abgesehen von diesen materiell-rechtlichen Schranken und Verbotsnormen bildet das Stammzellenforschungsgesetz ein übliches behördliches Aufsichtsgesetz zum Schutz von Polizeigütern.

2.3 Teilrevision des schweizerischen Patentgesetzes

2.3.1 Revision im Rahmen des Stammzellenforschungsgesetzes

Doch dem Parlament war es wichtig, entgegen den Vorstellungen der Bundesregierung, für die Stammzellenforschung **auch bestimmte Vorschriften für die Patentierung und deren Grenzen vorzusehen.**[16] Mit Art. 27 des Stammzellenfor-

[16] Vgl. zum Folgenden CALAME, „Zur Patentierbarkeit von Erfindungen im Bereich der Stammzellenforschung (Patentierbarkeit)", in: Festgabe für Rainer J. Schweizer, 2003, 61–92; ADDOR/BÜHLER, „Die Patentierbarkeit menschlicher embryonaler Stammzellen", sic! 2004, 383–394; CALAME/THOUVENIN, Revision des Patentgesetzes, „Biotechnologie und Patent Law Treaty als Impulsgeber (Revision)", Jusletter 13. März 2006; KOHLER, „Patentschutz für biotechnologische Erfindungen zum Revisionsentwurf Patentgesetz (Patentschutz)", sic! 7/8/2006, 451–466.

schungsgesetzes vom 19. Dezember 2003 wurde Art. 2 des geltenden schweizerischen Patentgesetzes vom 25. Juni 1954[17] wie folgt geändert:

„Art. 2

B. Ausschluss von der Patentierung

[1] Von der Patentierung ausgeschlossen sind Erfindungen, deren Verwertung gegen die öffentliche Ordnung oder die guten Sitten verstossen würde. Insbesondere werden keine Patente erteilt für:

a. Verfahren zum Klonen menschlicher Lebewesen und die damit gewonnenen Klone;
b. Verfahren zur Bildung von Chimären und Hybriden unter Verwendung menschlicher Keimzellen oder menschlicher totipotenter Zellen und die damit gewonnenen Wesen;
c. Verfahren der Parthenogenese unter Verwendung menschlichen Keimguts und die damit erzeugten Parthenoten;
d. Verfahren zur Veränderung der in der Keimbahn enthaltenen genetischen Identität des menschlichen Lebewesens und die damit gewonnenen Keimbahnzellen;
e. unveränderte menschliche embryonale Stammzellen und Stammzelllinien.

[2] Von der Patentierung ebenfalls ausgeschlossen sind Verfahren der Chirurgie, Therapie und Diagnostik, die am menschlichen oder tierischen Körper angewendet werden.“

Für die Forschung an embryonalen oder adulten Stammzellen nimmt die seit 2003 geltende Regelung von Art. 2 Patentgesetz wichtige verfassungsrechtliche Anliegen zum Schutz der Menschenwürde und der menschlichen Integrität und Identität auf (vgl. Art. 3 Stammzellenforschungsgesetz). Damit sind z.B. Rückentwicklungen von Stammzellen zu Keimzellen nicht patentierbar, genauso wenig wie alle Arten des Klonens oder der Bildung von Mischwesen. **Problematisch** ist Art. 2 Abs. 1 Bst. e, der nur unveränderte menschliche embryonale Stammzellen vom Patentschutz ausnimmt.[18] Patentierbar erscheinen Verfahren zur Ausdifferenzierung von Stammzellen zu spezialisierten Zellen und Geweben oder die gezielte gentechnische Veränderung von Stammzelllinien. Doch die Patentierbarkeit der Fortentwicklung pluripotenter Stammzellen selbst bleibt fragwürdig.

Schliesslich ist auch auf Art. 3 Abs. 1 Bst. d Stammzellenforschungsgesetz hinzuweisen, der bereits die Gewinnung von Stammzellen an einem genetisch veränderten Embryo verbietet.

---

[17] Bundesgesetz vom 25. Juni 1954 über die Erfindungspatente (s. Fn 5).

[18] Die Beschränkung geht auf die Stellungnahme Nr. 16 der Europäischen Gruppe für Ethik in Naturwissenschaften und neuen Technologien bei der Europäischen Kommission (EGE) vom Mai 2002 zurück. Diese Unterscheidung ist verschiedentlich auf Kritik gestossen. Dazu CALAME/THOUVENIN Revision (Fn 16), Rn 13 oder KOHLER (Fn 16), 458, ins. Fn 68.

2.3.2 Revision vom 22. Juni 2007

Im Herbst 2005 hat die schweizerische Bundesregierung dem Parlament eine Vorlage unterbreitet, in welcher eine weitere Änderung des schweizerischen Patentgesetzes vom 25. Juni 1954 vorgeschlagen wird, um – mit Ausnahme des Bereichs der Stammzellforschung – der EG-Biotechnologie-Richtlinie Rechnung zu tragen.

Diese Vorlage ist nun vom Nationalrat am 20. Dezember 2006 und vom Ständerat als Zweitrat am 11. Juni 2007 verabschiedet worden.[19] Im neuen Patentgesetz werden zum einen die bestehenden Möglichkeiten zum Schutz biotechnologischer Erfindungen durch Patente bestätigt. Zum anderen konkretisieren die Neuerungen die Grenzen der Patentierbarkeit und enthalten namentlich zur Sicherstellung der Forschung und Entwicklung auch Regeln über Ausnahmen von der Wirkung des Patentes bzw. Regeln für Forschungswerkzeuge („Forschungsprivileg“) und Diagnostika.[20]

Die letztgenannten Einschränkungen der Wirkungen von Patenten sind nicht zuletzt auch für zukünftige Forschungen an embryonalen oder adulten Stammzellen von besonderer Bedeutung. Nachfolgend wird auf die in diesem Zusammenhang erwähnenswerten Änderungen des Bundesgesetzes über die Erfindungspatente (Patentgesetz) eingegangen.

2.3.2.1 Der menschliche Körper und seine Bestandteile

Art. 1a(neu) Patentgesetz lautet:

> [1] *Der menschliche Körper als solcher in allen Phasen seiner Entstehung und Entwicklung, einschliesslich des Embryos, ist nicht patentierbar.*
> [2] *Bestandteile des menschlichen Körpers in ihrer natürlichen Umgebung sind nicht patentierbar. Ein Bestandteil des menschlichen Körpers ist jedoch als Erfindung patentierbar, wenn er technisch bereitgestellt wird, ein technischer Nutzeffekt angegeben wird und die weiteren Voraussetzungen von Artikel 1 erfüllt sind; Artikel 2 bleibt vorbehalten.*

Im Sinne des sogenannten autonomen Nachvollzugs von EU-Recht entspricht diese Regelung derjenigen in Art. 5 Abs. 1 der EG-Biotechnologie-Richtlinie und trägt der Auslegung dieser Bestimmung durch den Europäischen Gerichtshof[21] Rechnung.

---

[19] Bundesblatt 2007, 4593. Die Referendumsfrist läuft bis zum 11. Oktober 2007. Mit der Teilrevision des Patentgesetzes ist gleichzeitig der Patentrechtsvertrag sowie die Ausführungsverordnung von beiden Räten genehmigt worden (vgl. dazu Bundesbeschluss über die Genehmigung des Patentrechtsvertrags und der Ausführungsverordnung, Bundesblatt 2007, 4701).

[20] Dazu Votum Ständerat Hess, Amtliches Bulletin 2007, 433.

[21] Urteil des Gerichtshofs der Europäischen Gemeinschaften, vom 9. Oktober 2001, Rechtssache C-377/98 (Königreich der Niederlande ./. Europäisches Parlament und Rat der Europäischen Union), Erwägung 73; vgl. dazu Aktuelle Information „Europäische Union – Biotechnologierichtlinie gültig“, GRUR Int. 2001, 989 f.

Dass die Patentierbarkeit des menschlichen Körpers als Ganzes in allen Phasen der Entstehung und Entwicklung, d.h. von der Embryonalphase bis hin zum Tod, ausgeschlossen wird, ist unbestritten.[22] Eine entsprechende Patentierung würde die in Art. 7 Bundesverfassung verankerte Menschenwürde verletzten und damit gegen die öffentliche Ordnung und die guten Sitten verstossen.[23] Nach Art. 1 Abs. 2 1.Teilsatz wird auch ein Körperbestandteil des Menschen in seiner natürlichen Umgebung vom Anwendungsbereich des Patentschutzes ausgenommen.

Im Nationalrat wurde die Frage nach der Patentierbarkeit technisch bereitgestellter Bestandteile des menschlichen Körpers kontrovers diskutiert. Eine Minderheit wollte im Gesetz explizit festhalten, dass auch technisch bereitgestellte Bestandteile des menschlichen Körpers nicht patentierbar sind.[24] Die Mehrheit ist allerdings dem Vorschlag des Bundesrates und damit auch der Regelung in der EG-Biotechnologie-Richtlinie gefolgt und lässt die Patentierung von Bestandteilen des menschlichen Körpers zu, sofern die Bestandteile technisch bereitgestellt werden, ein technischer Nutzeffekt angegeben wird und die allgemeinen Voraussetzungen für die Erteilung eines Patentes in Art. 1 Patentgesetz erfüllt sind.[25]

Nach dieser Regelung ist somit eine Patentierung von isolierten Bestandteilen des menschlichen Körpers nur unter den erwähnten Voraussetzungen sowie unter Berücksichtigung der in Art. 2 festgelegten Schranken möglich.

2.3.2.2 Schutz der Menschenwürde und der Würde der Kreatur

Wie vorne ausgeführt, ist Art. 2 des Patentgesetzes zusammen mit der Einführung des Stammzellenforschungsgesetzes revidiert und im Rahmen der Patentgesetzrevision in wenigen Punkten vervollständigt worden.

---

[22] Entsprechend war Art. 1 Abs. 1 auch in den parlamentarischen Beratungen unbestritten; das Parlament ist dem Entwurf des Bundesrates gefolgt.

[23] Dazu ausführlich KOHLER, (Fn 16), 454 f.; CALAME (Fn 16), 73 f.; ADDOR/BÜHLER (Fn 16), 383 f.; Botschaft zur Änderung des Patentgesetzes und zum Bundesbeschluss über die Genehmigung des Patentrechtsvertrags und der Ausführungsordnung vom 23. November 2005 (Botschaft Änderung des Patentgesetzes), Bundesblatt 2006, 1-153, insb. 46 f.; vgl. zum Begriff der Menschenwürde MASTRONARDI, in: „St. Galler Kommentar" (Fn 9), Kommentar zu Art. 7 Bundesverfassung, Rn 9 f. und zur Menschenwürde im Bereich der Biotechnologie SCHWEIZER, in: „Kommentar zur alten Bundesverfassung" (Fn 8), Kommentar zu Art. 24^{novies} Abs. 2 alte Bundesverfassung, Rn 44.

[24] Diese Haltung wurde etwa damit begründet, die Isolierung eines Bestandteils des menschlichen Körpers sei keine Erfindung, sondern eine nicht patentfähige Entdeckung; Votum von Nationalrätin Leutenegger Oberholzer, Amtliches Bulletin Nationalrat 2006, 1928. Zur Abgrenzung von Entdeckungen und patentfähigen Erfindungen CALAME (Fn 16), 70 f. oder KOHLER (Fn 16), 455, je mit weiteren Hinweisen.

[25] Vgl. zu den einzelnen Patentierungsvoraussetzungen CALAME (Fn 16), 70 f.

Art. 2 Patentgesetz lautet:

Art. 2

[1] *Von der Patentierung ausgeschlossen sind Erfindungen, deren Verwertung die Menschenwürde verletzen oder die Würde der Kreatur missachten oder auf andere Weise gegen die öffentliche Ordnung oder die guten Sitten verstossen würde. Insbesondere werden keine Patente erteilt für:*

a. Verfahren zum Klonen menschlicher Lebewesen und die damit gewonnenen Klone;

b. Verfahren zur Bildung von Mischwesen unter Verwendung menschlicher Keimzellen, menschlicher totipotenter Zellen oder menschlicher embryonaler Stammzellen und die damit gewonnenen Wesen;

c. Verfahren der Parthenogenese unter Verwendung menschlichen Keimguts und die damit erzeugten Parthenoten;

d. Verfahren zur Veränderung der in der Keimbahn enthaltenen Identität des menschlichen Lebewesens und die damit gewonnenen Keimbahnzellen;

e. unveränderte menschliche embryonale Stammzellen und Stammzelllinien;

f. die Verwendung menschlicher Embryonen zu nicht medizinischen Zwecken;

g. Verfahren zur Veränderung der genetischen Identität von Tieren, die geeignet sind, diesen Tieren Leiden zuzufügen, ohne durch überwiegende schutzwürdige Interessen gerechtfertigt zu sein, sowie die mit Hilfe solcher Verfahren erzeugten Tiere.

[2] *Von der Patentierung sind ferner ausgeschlossen:*

a. Verfahren der Chirurgie, Therapie und Diagnostik, die am menschlichen oder am tierischen Körper angewendet werden;

b. (...)

Art. 2 Abs. 1 schliesst zunächst mittels Generalklausel Erfindungen vom Patentschutz aus, deren Verwertung gegen die Menschenwürde (Art. 7 Bundesverfassung), die Würde der Kreatur[26] oder auf andere Weise gegen die öffentliche Ord-

[26] Der Begriff „Würde der Kreatur" ist mit Art. 24^{novies} Abs. 3 erstmals in die Bundesverfassung aufgenommen worden. Gewisse Anhaltspunkte zur Auslegung liefern insbesondere die Artikel 8 und 9 des Bundesgesetzes über die Gentechnik im Ausserhumanbereich vom 21. März 2003 (Gentechnikgesetz, GTG), SR 814.91 (http://www.admin.ch/ch/d/sr/c814_91.htm), die sich allerdings ausschliesslich auf die Gentechnik beziehen. Nach Art. 8 Gentechnikgesetz ist bei gentechnischen Veränderungen an Tieren und Pflanzen jede Missachtung der Würde der Kreatur zu vermeiden, es sei denn, eine besondere Güterabwägung gebiete dies. Zudem verbietet Art. 9 die gentechnische Veränderung von Wirbeltieren ausser zu Zwecken der Forschung, Therapie oder Diagnostik an Menschen und Tieren. Vgl. eingehend zum verfassungsrechtlichen Begriff „Würde der Kreatur" SCHWEIZER/SALADIN, „Kommentar zur alten Bundesverfassung" (Fn 8), Art. 24^{novies} Abs. 3, Rn 113 f. und KOHLER, „Freisetzung von gentechnisch veränderten Organismen in der Schweiz", St. Gallen 2004, 170 ff.

nung oder die guten Sitten verstossen würde.[27] In der Botschaft wird darauf hingewiesen, dass mit dem Ausdruck „missachten" nicht jede Beeinträchtigung der Würde einen Ausschluss von der Patentierung zur Folge hat, vielmehr wird eine qualifizierte Beeinträchtigung vorausgesetzt.[28]

In Art. 1 Abs. 1 Bst. a bis g werden exemplarisch einzelne dem Patentierungsverbot unterliegende Sondertatbestände aufgeführt. Die im Rahmen des Stammzellenforschungsgesetzes getroffene und in der Volksabstimmung gutgeheissene Unterscheidung zwischen *veränderten* und *unveränderten* embryonalen Stammzellen ist auch im Rahmen der Patentgesetzrevision beibehalten worden.[29] Hinzuweisen ist auch auf die Regelung in Art. 2 Abs. 2, wonach die Verfahren der Chirurgie, Therapie und Diagnostik vom Patentschutz ausgenommen sind. Der Gesetzgeber will damit einen möglichst freien Zugang zu Verfahren, die die Gesundheit von Mensch und Tier betreffen, gewährleisten.

2.3.2.3 Ausnahmen von den Wirkungen eines Patentes

Das Patentgesetz unterscheidet zwischen Erzeugnis- und Verfahrenspatenten. Während bei Erzeugnispatenten das Erzeugnis – ungeachtet des Herstellungsverfahrens – Schutzgegenstand ist, schützen Verfahrenspatente das jeweilige Herstellungsverfahren sowie die unmittelbaren Erzeugnisse aus diesem Verfahren (so genannt abgeleiteter bzw. derivierter Stoffschutz).[30]

Hinsichtlich der Vermehrung von biologischem Material stellt Art. 8a Abs. 2 (neu) Patentgesetz klar, dass sich die Wirkung des Patentes auch auf Erzeugnisse, die durch Vermehrung dieses biologischen Materials gewonnen werden und dieselben Eigenschaften aufweisen, erstreckt. Damit will der Gesetzgeber den Patentschutz auch auf alle Folgegenerationen ausdehnen und so einer Aushöhlung des Patentschutzes vorbeugen.[31] Diese Konzeption weitet den Verfahrensschutz bei biologischem Material aus. Allerdings beschränkt eine Reihe von Ausnahmen in Art. 9 (neu) Patentgesetz diese Ausdehnung. Art. 9 Patentgesetz lautet:

---

27 Die Einführung eines polizeirechtlichen Verwertungsverbotes lässt sich in erster Linie mit dem Ziel einer kohärenten Rechtsordnung begründen. Es wäre widersprüchlich, Erfindungen, die gegen fundamentale Grundsätze der Rechtsordnung verstossen, staatliche Ausschliesslichkeitsrechte zu erteilen. Dazu ausführlich CALAME, „Öffentliche Ordnung und gute Sitten als Schranken der Patentierbarkeit gentechnologischer Erfindungen", Basel 2001, 118 f.

28 Botschaft Änderung des Patentgesetzes (s. Fn 23), 52.

29 Eine Minderheit des Nationalrates hat erfolglos versucht, auch die unveränderten menschlichen embryonalen Stammzellen von der Patentierung auszunehmen. (Vgl. Votum Nationalrätin Leutenegger Oberholzer, Amtliches Bulletin NR 2006, 1938)

30 Art. 8a Abs. 1 und 8b Patentgesetz; vgl. dazu Botschaft Änderung des Patentgesetzes (s. Fn 23), 66 f.

31 Botschaft Änderung des Patentgesetzes (s. Fn 23), 66.

Art. 9 (neu)

[1] Die Wirkung des Patents erstreckt sich nicht auf:
a. Handlungen, die im privaten Bereich zu nicht gewerblichen Zwecken vorgenommen werden;
b. Handlungen zu Forschungs- und Versuchszwecken, die der Gewinnung von Erkenntnissen über den Gegenstand der Erfindung einschliesslich seiner Verwendungen dienen; insbesondere ist jede wissenschaftliche Forschung am Gegenstand der Erfindung frei;
c. Handlungen, die für die Zulassung eines Arzneimittels im Inland oder in Ländern mit vergleichbarer Arzneimittelkontrolle vorausgesetzt sind;
d. die Benützung der Erfindung zu Unterrichtszwecken an Lehrstätten;
e. die Benützung biologischen Materials zum Zweck der Züchtung oder der Entdeckung und Entwicklung einer Pflanzensorte;
f. biologisches Material, das im Bereich der Landwirtschaft zufällig oder technisch nicht vermeidbar gewonnen wird.

[2] Abreden, welche die Befugnisse nach Abs. 1 einschränken oder aufheben, sind nichtig.

Art. 9a (neu)

Die Zustimmung des Patentinhabers zum Inverkehrbringen im Inland ist nicht erforderlich für eine patentgeschützte Ware, an der weitere Rechte des geistigen Eigentums bestehen und für deren funktionelle Beschaffenheit der Patentschutz untergeordnete Bedeutung hat.

Besonders erwähnenswert ist das in Art. 9 Abs. 1 Bst. b erstmals eingeführte Forschungsprivileg.[32] Dieses weit gefasste Privileg nimmt jede, selbst kommerziell ausgerichtete, wissenschaftliche Forschung am Gegenstand der patentierten Erfindung gesamthaft von der Wirkung des Patentrechts aus.[33] Der Gesetzgeber will damit die Forschungsfreiheit garantieren, indem die Grundlagenforschung sowie die angewandte Forschung nicht durch Patente gehemmt werden sollen. Zudem wird mit dieser Regelung Rechtssicherheit und Transparenz verbessert.

Das Forschungsprivileg wird durch den Lizenzanspruch für Forschungswerkzeuge und Diagnostika in Art. 40b und 40c (neu) Patentgesetz vervollständigt.

Art. 40b (neu)

Wer eine patentierte biotechnologische Erfindung als Instrument oder Hilfsmittel zur Forschung benützen will, hat Anspruch auf eine nicht ausschliessliche Lizenz.

Art. 40c (neu)

Für Erfindungen, die ein Erzeugnis oder ein Verfahren zur Diagnose beim Menschen zum Gegenstand haben, wird zur Behebung einer im Gerichts- oder Ver-

[32] KOHLER (Fn 16), 464.
[33] Botschaft Änderung des Patentgesetzes (s. Fn 23), 70f.

waltungsverfahren festgestellten wettbewerbswidrigen Praxis eine nicht ausschliessliche Lizenz erteilt.

Nach Art. 40b (neu) Patentgesetz hat jeder Forscher einen Anspruch auf eine nicht ausschliessliche Zwangslizenz für die Benutzung von biotechnologischen Forschungswerkzeugen. Die Zwangslizenzen stellen insofern eine Erweiterung des Forschungsprivilegs dar, als dass die Verwendung einer patentierten Erfindung als Hilfsmittel oder Instrument an sich vom Forschungsprivileg nicht erfasst ist. Art. 9 Abs. 1 Bst. b (neu) Patentgesetz nimmt nur Forschungen *am* patentierten Gegenstand vom Patentschutz aus, während die Regelung in Art. 40b (neu) Patentgesetz die Forschung *mit dem* patentierten Gegenstand ermöglicht.[34] Diese beiden Hilfsmittel sind strikt zu unterscheiden.

2.3.3 Würdigung

Die vom Parlament am 22. Juni 2007 beschlossenen Ergänzungen des Patentgesetzes führen die Revision von 2003 fort. In Art. 2 Abs. 1 Patentgesetz werden die Menschenwürde (Art. 7 und 119 Bundesverfassung) und die nach Art. 120 Bundesverfassung für die ausserhumane Gentechnik massgebende „Würde der Kreatur“ als **unverrückbare** Schranken der Patentierung genannt. Beachtlich sind aber vor allem die Forschungsprivilegien nach Art. 9 (neu) und nach Art. 40b (neu) Patentgesetz, die der Forschung an Stammzellen weite Felder öffnen.

3 Frankreich

3.1 Regelungen zur Forschung an Embryonen und embryonalen Stammzellen

Frankreich besitzt heute mit der **Loi n° 2004-800 relative à la bioéthique vom 6. August 2004**[35] eine einlässliche Gesetzgebung zur Biomedizin, zur Organ-, Gewebetransplantation bzw. zur Organ-, Gewebe- und Zellentnahme, zur Genomanalyse, zum Biopatentrecht, zur Fortpflanzungshilfe und Embryologie, zur Forschung an Embryonen und Stammzellen sowie zu Klonierungsverboten.[36] Aus diesem komplexen Regelwerk ist die sehr strenge Einschränkung der Forschung an Embryonen und embryonalen Stammzellen durch **Art. 25 dieses Gesetzes** hervorzuheben:[37]

---

[34] Ausführlich Botschaft Änderung des Patentgesetzes (s. Fn. 23).

[35] Das Gesetz ist unter <http://www.legifrance.gouv.fr> einsehbar.

[36] 1994 traten in Frankreich mehrere Gesetze zur Bioethik in Kraft. Bedeutsam ist die Loi N° 94-654 du 29 Juillet 1994 relative au don et à l'utilisation des éléments et produits du corps humain, à l'assistance médicale à la procréation et au diagnostic prénatal. Gestützt auf Artikel 21 dieses Gesetzes, der eine Überarbeitung nach 5 Jahren vorsieht, wurde nach einigen politisch bedingten Verzögerungen, im Jahre 2004 die Loi relative à la bioéthique in Kraft gesetzt. Vgl. dazu TAUPITZ, „Rechtliche Regelung der Embryonenforschung im internationalen Vergleich“, Berlin/Heidelberg 2003, 57-65.

[37] Bei den vorliegenden Auszügen handelt es sich um eine inoffizielle deutsche Übersetzung des französischen Gesetzestextes durch den Verfasser. Massgebend ist der im Anhang I wiedergegebene französische Wortlaut.

„Titel V

Forschung mit Embryonen und embryonalen Stammzellen

Art. 25

Art. L.2151-1 – Nach Art. 16-4 Abs. 3 des Zivilgesetzbuches, dessen Inhalt nachfolgend wiedergegeben wird:

– Art. 16-4 Abs. 3: „Alle Handlungen sind verboten, mit denen die Erzeugung eines Kindes bezweckt wird, dessen genetische Informationen mit anderen lebenden oder verstorbenen Personen identisch sind."

Art. L.2151-2 – Die in vitro-Fertilisation von Eizellen oder das Klonen von menschlichen Embryonen zu Forschungszwecken ist verboten.

Art. L.2151-3 – Zu wirtschaftlichen oder industriellen Zwecken kann ein menschliches Embryo weder gezeugt, geklont noch benutzt werden.

Art. L.2151-4 – Die Herstellung und Verwendung menschlicher Embryonen zu therapeutischen Zwecken ist ebenfalls verboten.

Art. 2151-5 – Die Forschung mit menschlichen Embryonen ist verboten.
In Ausnahmefällen können mit der Zustimmung des Mannes und der Frau, die das Paar bilden, Studien, die dem Embryo nicht schaden, bewilligt werden, sofern die Bedingungen in Abs. 4,5,6 und 7 eingehalten werden.

In Abweichung zu Abs. 1 und für eine begrenzte Zeitdauer von fünf Jahren ab dem Datum der Publikation des Dekretes durch den Staatsrat, wie vorgesehen in L.2151-8, können Forschungen mit Embryonen und embryonalen Stammzellen bewilligt werden, sofern sie gewichtige therapeutische Fortschritte zu erzielen versprechen und nicht durch Alternativmethoden gleichwertiger Effizienz ersetzt werden können, die nach dem gegenwärtigen Stand der Wissenschaft bekannt sind. Forschungen, deren Forschungsprotokolle innerhalb der erwähnten fünf Jahre bewilligt worden sind, die aber nicht rechtzeitig im vom Protokoll vorgesehenen Zeitrahmen zu Ende geführt werden konnten, können dennoch fortgesetzt werden, sofern die Bedingungen in diesem Artikel eingehalten werden, insbesondere die Bestimmung über das Bewilligungsverfahren.

Eine Forschung kann nur an in vitro erzeugten Embryonen durchgeführt werden, sofern diese im Rahmen einer medizinisch assistierten Befruchtung erzeugt worden sind und nicht mehr zur Fortpflanzung verwendet werden. Diese Forschung kann nur durchgeführt werden, wenn vorgängig eine schriftliche Einwilligung durch das betroffene Paar oder den überlebenden Partner oder die überlebende Partnerin erteilt worden ist, und diese gebührend über die Möglichkeiten der Verwendung der Embryonen durch ein anderes Paar oder über die Beendigung der Konservierung informiert worden sind. Mit Ausnahme der im letzten Absatz von Art. L.2131-4 sowie des 3. Absatzes von Art. L-2141-3 erwähnten Situationen, muss das Einverständnis nach Ablauf einer Bedenkzeit von drei Monaten bestätigt werden. In allen Fällen kann ein Teil des Paares die Einwilligung jederzeit und ohne Angabe von Gründen widerrufen.

Eine Forschung kann nur durchgeführt werden, wenn das entsprechende Forschungsprotokoll durch die Agentur für Biomedizin bewilligt wurde. Der Bewilligungsentscheid wird aufgrund der wissenschaftlichen Aussagekraft des Forschungsprojektes getroffen sowie aufgrund der Berücksichtigung ethischer Grundsätze und des Nutzens des Forschungsprojektes für die allgemeine öffentliche Gesundheit. Der Entscheid (...) wird (...) den für Forschung zuständigen Ministern zugestellt. Diese können (...) die Realisierung dieses Protokolles untersagen oder es unterbrechen, falls die wissenschaftliche Aussagekraft nicht erwiesen ist oder die Einhaltung der ethischen Grundsätze nicht gewährleistet ist.

(...)

Embryonen, an denen Forschung betrieben wurde, können nicht mehr zu Fortpflanzungszwecken weiterbenützt werden.

Art. L.2151-6 – Die Einfuhr von embryonalem Gewebe oder embryonalen Stammzellen zu Forschungszwecken, unterliegt der vorgängigen Bewilligung durch die Agentur für Biomedizin. Diese Bewilligung kann nur erteilt werden, wenn diese Gewebe oder Stammzellen im Sinne der dafür vorgesehenen Grundsätze in Art. 15 bis 16-8 des Gesetzes entsprechen.

Die Ausfuhr von embryonalen oder fetalen Stammzellen oder Geweben zu Forschungszwecken unterliegt denselben Bedingungen wie die Einfuhr, die im vorhergehenden Absatz definiert wurden. Die Ausfuhr unterliegt noch der zusätzlichen Bedingung, dass eine französische Forschungsgruppe am internationalen Forschungsprojekt teilnimmt.“

Bedeutsam ist sodann **Art. 21,** der ein absolutes Verbot des reproduktiven Klonens aufstellt:

> *„Alle Handlungen, mit denen ein Kind mit der im Zellkern identischen Erbinformation wie ein anderer geborener Mensch oder ein verstorbener Mensch entsteht, sind verboten.“*

Damit ist auch die Implantation von Parthenoten oder zu therapeutischen Zwecken erzeugten Klone unter keinen Umständen zulässig.

3.2 Novellierung des Code de la propriété intellectuelle

Was das Patentrecht betrifft, so wird im Rahmen der loi sur la bioéthique durch deren Art. 17 und 18 auch der **Code de la propriété intellectuelle** in seinen Art. 17–20 geändert. Diese Änderung erfolgt in Umsetzung der EG-Biotechnologie-Richtlinie 98/44.[38] Die Gesetzesänderung entspricht fast wortwörtlich der EG-Richtlinie. Erwähnenswert ist nur Art. 17 I des Code de la propriété intellectuelle, der neu als Schranke auch die Würde der menschlichen Person (N.B. aber nicht die Würde aller menschlicher Lebewesen) vorbehält:

„Titel IV

Rechtliche Schutzmassnahmen bei biotechnologischen Erfindungen

Artikel 17

A. Das Gesetz für geistiges Eigentum wird wie folgt modifiziert:

I. Der Art. L.611-17 wird wie folgt redigiert:

Art. L.611-17 – Erfindungen können nicht patentiert werden, wenn deren wirtschaftliche Nutzung gegen die Menschenwürde, die öffentliche Ordnung oder die Sitten und Bräuche verstossen würde. Dieser Verstoss kann nur dadurch entstehen, dass diese Nutzung durch eine Bestimmung in einem Gesetz oder in einem Reglement verboten ist.“

In Art. 17 II werden dann die Ausschlussgründe von Art. 6 Abs. 2 EG-Richtlinie aufgeführt, ohne diese in ihrem Wortlaut zu verändern.[39]

4 Österreich

4.1 Novelliertes Patentgesetz vom 9. Juni 2005

Die Republik Österreich hat die EG-Biotechnologie-Richtlinie von 1998 am 9. Juni 2005 durch ein Paket von Gesetzesänderungen umgesetzt.[40] Dabei wurden die Artikel 3 und 5 der EG-Biotechnologie-Richtlinie wortwörtlich, aber in geänderter Reihenfolge in § 1 Abs. 2-4 des **Patentgesetzes** von 1970 eingefügt.[41] Bedeutsam ist die Neufassung von § 2 Abs. 1, in welchem die Ausschlussgründe von Art. 6 der Biotechnologie-Richtlinie Berücksichtigung fanden. § 2 Abs. 1 des österreichischen Patentgesetzes (in der Fassung vom 9. Juni 2005) lautet:

[38] Vgl. zum Ganzen GALLOUX, „La transposition en droit français de la directive 98/44 du 6 juillet 1998 relative à la protection juridique des inventions biotechnologiques“, Annuaire français de relations internationales, volume 4, 2003, p. 893-905. Abrufbar unter: <http://www.diplomatie.gouv.fr/fr/IMG/pdf/FD001337.pdf>; GAUMONT-PRAT, „La brevabilité des inventions impliquant des cellules souches“, Recueil Dalloz, 2005, No 44; „Cellules souches et choix éthiques“, Rapport au Premier ministre de PIERRE-LOUIS FAGNIEZ, député, Juillet 2006.

[39] Vgl. zu den Patentierbarkeitsvoraussetzungen und den Ausschlusstatbeständen im Einzelnen HARTMANN, „Die Patentierbarkeit von Stammzellen und den damit zusammenhängenden Verfahren“, GRUR Int. 2006, 204 f.

[40] Bundesgesetzblatt (BGBl.) I Nr. 42/2005 vom 9. Juni 2005.

[41] Vgl. auch Erster Bericht des Biopatent Monitoring Kommitees vom Mai 2006, S. 23 f. Abrufbar unter: http://www.parlament.gv.at/portal/page?_pageid=908,1066608&_dad=portal&_schema=PORTAL.

> *„§ 2. (1) Patente werden nicht erteilt für:*
> *1. Erfindungen, deren Verwertung gegen die öffentliche Ordnung oder die guten Sitten verstossen würde; ein solcher Verstoss kann nicht allein daraus hergeleitet werden, dass die Verwertung der Erfindung durch Rechts- oder Verwaltungsvorschriften verboten ist; als nicht patentierbar gelten in diesem Sinne unter anderem:*
> *a) Verfahren zum Klonen von menschlichen Lebewesen;*
> *b) Verfahren zur Veränderung der genetischen Identität der Keimbahn des menschlichen Lebewesens;*
> *c) die Verwendung von menschlichen Embryonen;*
> *d) die Herstellung und Verwertung von hybriden Lebewesen, die aus Keimzellen, totipotenten Zellen oder Zellkernen von Menschen und Tieren entstehen;*
> *e) Verfahren zur Veränderung der genetischen Identität von Tieren, die geeignet sind, Leiden dieser Tiere ohne wesentlichen medizinischen Nutzen für den Menschen oder das Tier zu verursachen, sowie die mit Hilfe solcher Verfahren erzeugten Tiere.*
> *2. Verfahren zur chirurgischen oder therapeutischen Behandlung des menschlichen oder tierischen Körpers und Diagnostizierverfahren, die am menschlichen oder tierischen Körper vorgenommen werden; dies gilt nicht für Erzeugnisse, insbesondere Stoffe oder Stoffgemische, zur Anwendung in einem dieser Verfahren."*

In der Erläuterung zur Regierungsvorlage (Nr. 615 der Beilagen zu den Stenographischen Protokollen des Nationalrates XXII. Geschäftsperiode) wurde zu § 2 Abs. 1 neu ausgeführt:

> *„§ 2 Abs. 1 Z 1 lit. a bis e zählt eine Reihe von Gegenständen auf, die von der Patentierbarkeit ausgeschlossen sind. Die Aufzählung ist demonstrativ und als eine Konkretisierung der Begriffe „öffentliche Ordnung" und „gute Sitten" zu verstehen. Die lit. a und b entsprechen wörtlich Art. 6 Abs. 2 lit. a und b der Biotechnologie-Richtlinie. In der lit. c wird Art. 6 Abs. 2 lit. c der Biotechnologie-Richtlinie umgesetzt, wobei aber generell die Verwendung von menschlichen Embryonen von der Patentierung ausgeschlossen wird. In der lit. d wird eine Ausnahme explizit angeführt, die laut Erwägungsgrund 38 der Richtlinie unter den Tatbestand des Verstosses gegen die öffentliche Ordnung oder die guten Sitten einzureihen ist. Lit. e entspricht wörtlich Art. 6 Abs. 2 lit. d der Richtlinie."*

4.2 Würdigung der österreichischen Umsetzung der Richtlinie 98/44/EG

Zusammenfassend beschränkt sich das österreichische Patentrecht weitgehend auf die Wiedergabe des Textes der EG-Biotechnologie-Richtlinie, wobei doch bedeutsam ist, dass die Verwendung von menschlichen Embryonen **zu irgendwelchen**, auch nicht zu wissenschaftlichen oder therapeutischen Zwecken, nicht patentierbar ist (§ 2 Abs. 1 Ziff. 1 Bst. c). Nach Art. 6 Abs. 2 Bst. c der EG-Biotechnologie-Richtlinie 98/44 ist lediglich die Verwendung menschlicher Embryonen zu gewerblichen oder industriellen Zwecken von der Patentierbarkeit ausgenommen. Die Bestimmungen in § 2 Abs. 1 Ziff. 1 Bst. c des österreichischen Patentgesetzes sind somit strenger als von der EG-Biotechnologie-Richtlinie gefordert.[42] Ebenso verstösst die Herstellung und Verwendung von hybriden Lebewesen gegen die öffentliche Ordnung und die guten Sitten (§ 2 Abs. 1 Ziff. 1 Bst. d neu).[43] Bezüglich der Arbeit an embryonalen Stammzellen bedeutet die österreichische Regelung meines Erachtens, dass alle Verfahren zur Gewinnung embryonaler Stammzellen aus überzähligen Embryonen vom Ausschlussgrund nach § 2 Abs. 1 Ziff. 1 c Patentgesetz erfasst werden. Ebenso sind nach österreichischem Patentgesetz Verfahren der Rückführung von embryonalen Stammzellen zu totipotenten Zellen bzw. Keimzellen, dann Verfahren der genetischen Veränderung solcher totipotenter Stammzellen und schliesslich Verfahren der Hybridisierung von Stammzellen nicht patentierbar.

5 Italien

5.1 Novellierung vom 22. Februar 2006

In Italien erfolgte die definitive Umsetzung der EG-Biotechnologie-Richtlinie mit dem Spezial-Gesetz vom 22. Februar 2006[44].[45] Dabei wurden Art. 3 Abs. 1 und Abs. 2 sowie Art. 5 Abs. 1 der Richtlinie in den neuen Art. 3 Ziff. 1 Bst. a, b und d über die Patentierbarkeit eingefügt.

Von besonderer Bedeutung ist aber der neue Artikel 4 über die Ausschlussgründe. Dieser lautet:[46]

„Art. 4 Ausnahmen

1. Von der Patentierung ausgenommen sind:

a) der menschliche Körper, das heisst vom Zeitpunkt der Empfängnis und in den verschiedenen Entwicklungsstadien, ebenso die blosse Entdeckung eines der Elemente des eigenen Körpers, einschliesslich einer Sequenz oder Teilsequenz eines Gens, um zu garantieren, dass das zu patentierende Recht mit

---

[42] Vgl. dazu Erster Bericht (Fn 41), 23.

[43] Das österreichische Patentgesetz enthält im Vergleich zur EG-Biotechnologie-Richtlinie eine Klarstellung; ein entsprechender Hinweis, dass Verfahren zur Herstellung von hybriden Lebewesen von der Patentierung auszunehmen sind, findet sich lediglich im Erwägungsgrund 38 der EG-Biotechnologie-Richtlinie; dazu Erster Bericht (Fn 41), 23.

[44] Gesetz vom 22. Februar 2006, Nr. 78, publiziert in der Gazzetta Ufficiale Nr. 58 vom 10. März 2006.

[45] Vgl. zur mühevollen Umsetzung der Richtlinie 98/44/EG in Italien DI CATALDO, „Das neue italienische Gesetzbuch für das gewerbliche Eigentum", GRUR Int 2007, 187; *ders.*, „Biotecnologie e diritto. Verso un nuovo diritto, e verso un nuovo diritto dei brevetti?", Contratto e impresa 2003, 320 ff.

[46] Bei den vorliegenden Auszügen handelt es sich um eine inoffizielle deutsche Übersetzung des italienischen Gesetzestextes durch den Verfasser. Massgebend ist der im Anhang II wiedergegebene italienische Gesetzestext.

Respekt vor den Grundrechten, der Würde und der Integrität der menschlichen Existenz und der Umwelt ausgeübt wird;

b) die Methoden für die chirurgischen oder therapeutischen Behandlungen des menschlichen oder tierischen Körpers und die Verfahren der am menschlichen oder tierischen Körper angewandten Diagnosen;

c) die Erfindungen, deren wirtschaftliche Nutzung der Menschenwürde widerspricht, gegen die öffentliche Ordnung, die guten Sitten, den Schutz der Gesundheit, der Umwelt und des Lebens von Menschen und Tieren, den Schutz der Pflanzen und der Biodiversität sowie gegen die Vermeidung einer ernsten Schädigung der Umwelt verstösst; dies gemäss den Grundsätzen von Artikel 27, Paragraph 2, des Abkommens über handelsbezogene Aspekte der Rechte an Geistigem Eigentum (TRIPS).

Diese Ausnahme betrifft vor allem:

1) jeden technologischen Vorgang des menschlichen Klonens, wie auch immer die angewandte Technik, das letzte Stadium der geplanten Entwicklung des geklonten Organismus sowie den Zweck des Klonens;

2) die Verfahren zur Veränderung der genetischen Identität der Keimbahn eines menschlichen Lebewesens;

3) jegliche Verwendung des menschlichen Embryos, einschliesslich der menschlichen embryonalen Stammzellen;

4) die Verfahren zur Veränderung der genetischen Identität der Tiere, wenn diese den Tieren Leiden verursachen – ohne, dass daraus ein grundlegender medizinischer Nutzen für den Menschen oder das Tier gezogen werden könnte, ganz zu schweigen von den aus diesen Verfahren entstandenen Tieren;

5) die Erfindungen, die das „genetische screening" betreffen, dessen Anwendung zu einer Diskriminierung oder Stigmatisierung der menschlichen Subjekte führen kann und dies auf genetischer, pathologischer, rassistischer, ethnischer, sozialer und wirtschaftlicher Basis, das heisst, dass es einem eugenischen Zweck dient und nicht einem diagnostischen;

a)-c) 4(...)

d) ausgenommen ist eine einfache DNA-Sequenz, eine Teilsequenz eines Gens, die gebraucht wird, um ein Protein oder ein Teilprotein zu produzieren, ausser wenn die Indikation und die Beschreibung einer nützlichen Funktion zur erforderlichen industriellen Anwendung gegeben ist, und wenn die entsprechende Funktion im Einzelnen wieder herstellbar ist; jede Sequenz wird selbständig bezüglich der Patentierungszwecke beurteilt, wenn sie sich mit Teilen, die nicht wesentlich sind für die Erfindung, überlagert;

e) und f) (...)

2. Und so ist jedes technische Verfahren, das menschliche Embryonenzellen verwendet, zur Patentierung ausgeschlossen."

5.2 Würdigung der italienischen Umsetzung der Richtlinie 98/44/EG

Die Änderung des italienischen Patentrechtes führt zu einigen wesentlichen Änderungen und Neuerungen gegenüber der EG-Biotechnologie-Richtlinie:

a) Dass der menschliche Körper und seine Teile von der Patentierbarkeit ausgeschlossen sind, ist international selbstverständlich. Im italienischen Gesetz wird nun aber festgelegt, dass dieser Schutz „dal momento del concepimento", also vom Zeitpunkt der Empfängnis an, gilt. Zudem wird gefordert, dass die Ausübung eines Patentes die Menschenrechte, die Menschenwürde und die Integrität jedes menschlichen Lebens und der Umwelt respektieren müsse. Mit anderen Worten wird hier durch eine Verpflichtung auf Menschenwürde und Menschenrechte, ähnlich wie in der Schweiz, der traditionelle Ausschlussgrund eines Verstosses gegen die öffentliche Ordnung und die guten Sitten substanziiert und dies eben von der Befruchtung bis zum Tod des Menschen.[47]
b) Dasselbe gilt erst recht nach Art. 4 Ziff. 1 Bst. c, wonach nicht nur Erfindungen, deren gewerbliche Verwertung gegen die öffentliche Ordnung und die guten Sitten verstossen würden, nicht patentierbar sind, sondern auch andere Erfindungen, die gegen die Menschenwürde, gegen die öffentliche Gesundheit, gegen die Umwelt, gegen das Leben von Menschen und Tieren oder gegen die Bewahrung von Pflanzen und der Biodiversität verstossen oder sonst schwere Umweltschädigungen verursachen, nicht patentierbar sind.
c) Entsprechend wird dann Art. 6 Abs. 2 der EG-Biotechnologie-Richtlinie in Art. 4 Ziff. 1 Bst. c Ziff. 1-5 in viel weitergehendem Masse umgesetzt, als dies die EG-Richtlinie fordert. Namentlich schliesst Italien jegliche Erfindungen über jegliche Form des Klonens von der Patentierbarkeit aus, auch Verfahren des therapeutischen Klonens. Sodann wird jegliche Verwendung von Embryonen, auch die Verwendung zu wissenschaftlichen und therapeutischen Zwecken, als nicht patentierbare Erfindung bezeichnet. Darin eingeschlossen ist explizit auch die Verwendung von Linien aus embryonalen humanen Stammzellen! Schliesslich schliesst Italien auch Erfindungen aus, die ein genetisches Screening vorsehen, sofern diese Gen-Analyse zu einer Diskriminierung oder Stigmatisierung von Menschen aufgrund genetischer, pathologischer, rassischer, ethischer, sozialer oder ökonomischer Gründe führen oder wenn sonst damit eugenische Zwecke und nicht diagnostische Zwecke verfolgt werden.

Die Ausschlussgründe nach Art. 4 Ziff. 1 Bst. a und c schliessen Arbeiten an embryonalen Stammzellen praktisch vollständig von der Patentierbarkeit aus. Namentlich kommt es nicht darauf an, ob die embryonalen Stammzellen totipotent oder bloss pluripotent sind, ob sie unverändert oder technisch verändert sind, ob sie aus einem überzähligen Embryo oder aus einem therapeutischen Klon oder aus einer Parthenote gewonnen worden sind. Ausschlussgrund ist auch, wenn die embryonalen Stammzellen zu irgendeiner genetischen Analyse verwendet werden, es sei denn, es handle sich um eine diagnostische Analyse. Irrelevant ist schliesslich, ob

[47] Vgl. Art. 4 Ziff. 1 Bst. a der legge vom 22. Februar 2006.

sie genetisch verändert werden oder nicht. Das führt zu einem umfassenden Ausschluss von Erfindungen von der Patentierbarkeit, die sich mit Verfahren beschäftigen, die auf die Anwendung von embryonalen Stammzellen zielen. Das erscheint insofern konsequent, als nach italienischem Rechtsverständnis Embryonen einen umfassenden Menschenwürde- und Integritätsschutz geniessen, der jegliche kommerzielle Nutzung von Bestandteilen ausschliesst.

6 Schlussbetrachtungen

Gerade die Ergänzungen und Erweiterungen der Regeln der EG-Biotechnologie-Richtlinie durch den italienischen Gesetzgeber wirft die Frage nach dem **Spielraum** des mitgliedstaatlichen Rechts auf. Eine nationale Ausweitung der zwingenden Ausschlussgründe nach Art. 6 Abs. 1 Richtlinie 98/44/EG ist nachvollziehbar, weil Erwägungsgrund 14 selbst solche höchsten schutzwürdigen Lebens- und Umweltgüter konkretisiert. Dasselbe gilt für alle verbotenen Praktiken mit Embryonen (vgl. Erwägungsgründe 40-42). Ob aber eine generelle Ausnahme für Verfahren mit und Fortentwicklungen von embryonalen Stammzellen durch einen Mitgliedstaat nicht zu unzulässigen Handelsschranken führen und dem Grundgedanken der Patentierbarkeit von isolierten Teilen des menschlichen Körpers nach Art. 5 Abs. 2 Richtlinie 98/44/EG nicht widerspricht, ist fraglich (vgl. Erwägungen 5-7 und 20/1). Allerdings ist die Europäische Kommission auch in ihrem (2.) Bericht an Rat und Parlament über Entwicklung und Auswirkung des Patentrechts im Bereich der Biotechnologie und der Gentechnik vom 14. Juli 2005 (Komm [2005] 312 endg.) zurückhaltend und findet, dass bezüglich der Forschung an embryonalen Stammzellen genauere Definitionen der Voraussetzungen und Schranken der Patentierung und eine stärkere Harmonisierung der nationalen Gesetze wegen vielen offenen ethischen Fragen nicht möglich sind.

Anhang I

Extraits de la loi n° 2004-800 du 6 août 2004

„TITRE V
RECHERCHE SUR L'EMBRYON ET LES CELLULES EMBRYONNAIRES

« Chapitre UNIQUE
Article 25

« Art. L. 2151-1. – Comme il est dit au troisième alinéa de l'article 16-4 du code civil ci-après reproduit :

« Art. 16-4 (troisième alinéa). – Est interdite toute intervention ayant pour but de faire naître un enfant génétiquement identique à une autre personne vivante ou décédée. »

« Art. L. 2151-2. – La conception in vitro d'embryon ou la constitution par clonage d'embryon humain à des fins de recherche est interdite.

« Art. L. 2151-3. – Un embryon humain ne peut être ni conçu, ni constitué par clonage, ni utilisé, à des fins commerciales ou industrielles.

« Art. L. 2151-4. – Est également interdite toute constitution par clonage d'un embryon humain à des fins thérapeutiques.
« Art. L. 2151-5. – La recherche sur l'embryon humain est interdite.
« A titre exceptionnel, lorsque l'homme et la femme qui forment le couple y consentent, des études ne portant pas atteinte à l'embryon peuvent être autorisées sous réserve du respect des conditions posées aux quatrième, cinquième, sixième et septième alinéas.

« Par dérogation au premier alinéa, et pour une période limitée à cinq ans à compter de la publication du décret en Conseil d'Etat prévu à l'article L. 2151-8, les recherches peuvent être autorisées sur l'embryon et les cellules embryonnaires lorsqu'elles sont susceptibles de permettre des progrès thérapeutiques majeurs et à la condition de ne pouvoir être poursuivies par une méthode alternative d'efficacité comparable, en l'état des connaissances scientifiques. Les recherches dont les protocoles ont été autorisés dans ce délai de cinq ans et qui n'ont pu être menées à leur terme dans le cadre dudit protocole peuvent néanmoins être poursuivies dans le respect des conditions du présent article, notamment en ce qui concerne leur régime d'autorisation.

« Une recherche ne peut être conduite que sur les embryons conçus in vitro dans le cadre d'une assistance médicale à la procréation qui ne font plus l'objet d'un projet parental. Elle ne peut être effectuée qu'avec le consentement écrit préalable du couple dont ils sont issus, ou du membre survivant de ce couple, par ailleurs dûment informés des possibilités d'accueil des embryons par un autre couple ou d'arrêt de leur conservation. A l'exception des situations mentionnées au dernier alinéa de l'article L. 2131-4 et au troisième alinéa de l'article L. 2141-3, le consentement doit être confirmé à l'issue d'un délai de réflexion de trois mois. Dans tous les cas, le consentement des deux membres du couple est révocable à tout moment et sans motif.

« Une recherche ne peut être entreprise que si son protocole a fait l'objet d'une autorisation par l'Agence de la biomédecine. La décision d'autorisation est prise en fonction de la pertinence scientifique du projet de recherche, de ses conditions de mise en oeuvre au regard des principes éthiques et de son intérêt pour la santé publique. La décision de l'agence, assortie de l'avis du conseil d'orientation, est communiquée aux ministres chargés de la santé et de la recherche qui peuvent, lorsque la décision autorise un protocole, interdire ou suspendre la réalisation de ce protocole lorsque sa pertinence scientifique n'est pas établie ou lorsque le respect des principes éthiques n'est pas assuré.....

« Les embryons sur lesquels une recherche a été conduite ne peuvent être transférés à des fins de gestation.

« Art. L. 2151-6. – L'importation de tissus ou de cellules embryonnaires ou foetaux aux fins de recherche est soumise à l'autorisation préalable de l'Agence de la biomédecine. Cette autorisation ne peut être accordée que si ces tissus ou cellules ont été obtenus dans le respect des principes fondamentaux prévus par les articles 16 à 16-8 du code civil.

« L'exportation de tissus ou de cellules embryonnaires ou foetaux aux fins de recherche est soumise aux mêmes conditions que l'importation définie au précédent alinéa. Elle est subordonnée en outre à la condition de la participation d'un organisme de recherche français au programme de recherche international.

TITRE IV
PROTECTION JURIDIQUE DES INVENTIONS BIOTECHNOLOGIQUES

Article 17
A. – Le code de la propriété intellectuelle est ainsi modifié :
I. – L'article L. 611-17 est ainsi rédigé
*« Art. L. 611-17. – Ne sont pas brevetables les inventions dont l'exploitation commerciale serait contraire **à la dignité de la personne humaine**, à l'ordre public ou aux bonnes moeurs, cette contrariété ne pouvant résulter du seul fait que cette exploitation est interdite par une disposition législative ou réglementaire."*

Anhang II

Estratto: Conversione in legge, con modificazioni, del decreto-legge 10 gennaio 2006, n. 3, recante attuazione della direttiva 98/44/CE in materia di protezione giuridica delle inventioni biotecnologiche

„Art. 4 Esclusioni

1. Sono esclusi dalla brevettabilità:

a) il corpo umano, sin dal momento del concepimento e nei vari stadi del suo sviluppo, nonchè la mera scoperta di uno degli elementi del corpo stesso, ivi compresa la sequenza o la sequenza parziale di un gene, al fine di garantire che il diritto brevettuale sia esercitato nel rispetto dei diritti fondamentali sulla dignità e l'integrità dell'essere umano e dell'ambiente;

b) i metodi per il trattamento chirurgico o terapeutico del corpo umano o animale e i metodi di diagnosi applicati al corpo umano o animale;

c) le invenzioni il cui sfruttamento commerciale è contrario alla dignità umana, all'ordine pubblico e al buon costume, alla tutela della salute, dell'ambiente e della vita delle persone e degli animali, alla preservazione dei vegetali e della biodiversità ed alla prevenzione di gravi danni ambientali, in confor-

mità ai principi contenuti nell'articolo 27, paragrafo 2, dell'Accordo sugli aspetti dei diritti di proprietà intellettuale attinenti al commercio (TRIPS). Tale esclusione riguarda, in particolare:

1) ogni procedimento tecnologico di clonazione umana, qualunque sia la tecnica impiegata, il massimo stadio di sviluppo programmato dell'organismo clonato e la finalità della clonazione;

2) i procedimenti di modificazione dell'identità genetica germinale dell'essere umano;

3) ogni utilizzazione di embrioni umani, ivi incluse le linee di cellule staminali embrionali umane;

4) i procedimenti di modificazione dell'identità genetica degli animali, atti a provocare su questi ultimi sofferenze senza utilità medica sostanziale per l'essere umano o l'animale, nonchè gli animali risultanti da tali procedimenti;

5) le invenzioni riguardanti protocolli di screening genetico, il cui sfruttamento conduca ad una discriminazione o stigmatizzazione dei soggetti umani su basi genetiche, patologiche, razziali, etniche, sociali ed economiche, ovvero aventi finalità eugenetiche e non diagnostiche;

d) una semplice sequenza di DNA, una sequenza parziale di un gene, utilizzata per produrre una proteina o una proteina parziale, salvo che venga fornita l'indicazione e la descrizione di una funzione utile alla valutazione del requisito dell'applicazione industriale e che la funzione corrispondente sia specificatamente rivendicata; ciascuna sequenza è considerata autonoma ai fini brevettuali nel caso di sequenze sovrapposte solamente nelle parti non essenziali all'invenzione;

e) et f) (...)

2. E, comunque, escluso dalla brevettabilità ogni procedimento tecnico che utilizzi cellule embrionali umane."

Aspekte des britischen, amerikanischen, kanadischen und australischen Rechts

*Tade M. Spranger**

1 Einleitung 97
2 Großbritannien 98
2.1 Bekanntmachung des UK Patent Office 99
2.2 Kritikpunkte 99
3 USA 100
3.1 Das „Weldon Amendment" 100
3.2 Bewertung 101
4 Kanada 102
4.1 Die CIPO-Richtlinien 102
4.2 Generierung extraembryonaler Gewebe 102
4.3 Organe und Gewebe 103
5 Australien 104
5.1 Entwicklung des australischen Patentrechts 104
5.2 Rahmenbedingungen des Biomedizinrechts 106
6 Zusammenfassende Schlußbemerkung 110

1 Einleitung

Die Patentierbarkeit sogenannter Stammzellen sowie von technischen Verfahren, die derartige Zellen nutzen, ist weltweit Gegenstand gesellschaftlicher Auseinandersetzungen und rechtspolitischer Diskussionen. Die hohen Erwartungen, die an das therapeutische Potential von Stammzellverfahren geknüpft werden, führen zu erheblichen Investitionen, für die die beteiligten Forscher und Drittmittelgeber eine adäquate Absicherung insbesondere in Form von Patenten suchen. Gegen eine umfassende Patentierungspraxis werden jedoch vor allem zwei Bedenken vorgebracht, die sich als allgemeine und spezielle Kritik umschreiben lassen.[1]

Zum einen wird der Einwand erhoben, dass eine zu liberale Patenterteilungspraxis im Stammzellbereich die Forschung übermäßig behindern würde. Diese Argumentation ist jedoch nicht auf die Patentierung von Stammzellen beschränkt, sondern findet sich regelmäßig dann, wenn es um den Schutz von Erfindungen geht, die Bestandteile des menschlichen Körpers nutzen.

* Priv.-Doz. Dr. jur., Dr. rer. pol., Leiter der BMBF-Forschungsgruppe „Normierung in den Modernen Lebenswissenschaften", Institut für Wissenschaft und Ethik, Universität Bonn.

1 Zum Stand der Diskussion: SPRANGER, „Das Rechtsinstrument der Patentierung im Zusammenhang der Biotechnologie: Grundlagen und Grenzen", Jahrbuch für Wissenschaft und Ethik 9 (2004), S. 263 ff.; *ders.*, „Patentability of Stem Cell Inventions with Special Emphasis to EC Law", Journal of International Biotechnology Law 2004, 247 ff.

J. Straus et al. (eds.), *Patentschutz und Stammzellforschung: Internationale und rechtsvergleichende Aspekte*, MPI Studies on Intellectual Property, Competition and Tax Law 13, DOI 10.1007/978-3-642-02496-2_5, © Springer-Verlag Berlin Heidelberg 2009

Zum anderen wirft die Gewinnung menschlicher Stammzellen ebenso wie deren Potential spezielle Probleme auf: Jedenfalls dann, wenn humane embryonale Stammzellen Verwendung finden, müssen Embryonen für deren Gewinnung getötet werden. Jüngste Meldungen, wonach eine derartige Gewinnung ohne Vernichtung des Embryos möglich sein soll, konnten bislang nicht verifiziert werden.

Doch sogar dann, wenn eine Stammzellgewinnung ohne Embryonenvernichtung möglich wäre, ist kein Ende der Diskussionen abzusehen. Verfügt nämlich eine Stammzelle über das Potential, einen vollständigen Menschen hervorzubringen, ist sie also – nach durchaus umstrittenem Begriffsverständnis – totipotent, so stellt sich die Frage, ob diese Zelle nicht selbst als Embryo und damit gegebenenfalls auch als Mensch im Sinne der jeweiligen Rechtsordnung zu erachten ist.

Das deutsche Recht jedenfalls hat zumindest die erste Frage bejaht: Nach § 8 Abs. 1 des Embryonenschutzgesetzes gilt als Embryo im Sinne dieses Gesetzes bereits die befruchtete, entwicklungsfähige menschliche Eizelle vom Zeitpunkt der Kernverschmelzung an, ferner jede einem Embryo entnommene totipotente Zelle, die sich bei Vorliegen der dafür erforderlichen weiteren Voraussetzungen zu teilen und zu einem Individuum zu entwickeln vermag. Diese einfachrechtliche Einordnung alleine führt aber nicht zwangsläufig dazu, dass eine totipotente Zelle auch als Mensch, insbesondere als Mensch im verfassungsrechtlichen Sinne (und damit als Träger fundamentaler Grundrechte wie etwa der Menschenwürde aus Art. 1 Abs. 1 GG) zu erachten wäre.

Es versteht sich von selbst, dass die beschriebenen Konfliktfelder unmittelbare Auswirkungen auch auf die patentrechtliche Ebene zeitigen: Sollen Patente im Bereich der Stammzellforschung aus forschungspolitischen Gründen verweigert werden? Liegt unter Umständen ein Verstoß gegen die Patentierungshemmnisse des „ordre public" oder der „morality" vor? Sind humane embryonale Stammzellen „Menschen" und damit schon per se unpatentierbar? Die Vermutung liegt nahe, dass diese Fragen durch Rechtsordnungen, die auf eine gemeinsame Tradition zurückblicken können, einheitlich oder doch zumindest in ähnlicher Weise beantwortet werden. Im Folgenden soll die Valenz dieser Vermutung für das britische, US-amerikanische, kanadische und australische Recht untersucht werden.

2 Großbritannien

Die auf Stammzellen bezogene Patenterteilungspraxis in Großbritannien wird durch eine Bekanntmachung des UK Patent Office aus dem Jahre 2003 (Inventions involving human embryonic stem cells)[2] bestimmt. Das britische Patentamt sah sich zu dieser Mitteilung veranlasst, weil das die EG-Biopatentrichtlinie 98/44/EG implementierende Patentgesetz (Patents Act 1977) die Frage der Patentierung von Stammzellen und Stammzellverfahren nicht direkt anspricht.

---

2 http://www.patent.gov.uk/patent/p-decisionmaking/p-law/p-law-notice/p-law-notice-stemcells.htm [11.01.2007].

2.1 Bekanntmachung des UK Patent Office

Die Bekanntmachung dient dem Patentamt als allgemeiner Leitfaden, wobei aber auch weiterhin jeder Einzelfall im Lichte der jeweils relevanten Umstände entschieden werden soll und zudem ausdrücklich darauf hingewiesen wird, dass die Bekanntmachung unter dem Vorbehalt einer jederzeitigen Änderung durch die Rechtsprechung steht.

Die Bekanntmachung differenziert zwischen:

- Patenten auf Verfahren zur Gewinnung humaner embryonaler Stammzellen,
- Patenten auf totipotente Stammzellen, sowie
- Patenten auf pluripotente Stammzellen.

Für die Patentierung von Verfahren zur Gewinnung humaner embryonaler Stammzellen erweist sich nach Ansicht des britischen Patentamtes § 3 d) des Anhangs A2 zum Patents Act 1977 als einschlägig, wonach die Verwendung menschlicher Embryonen für industrielle oder kommerzielle Zwecke nicht patentierbar ist. Vor diesem Hintergrund sieht das Patentamt von der Patentierung solcher Verfahren ab, die auf die Gewinnung humaner embryonaler Stammzellen gerichtet sind.

2.2 Kritikpunkte

Dieses eindeutige Votum wirft jedoch verschiedene Fragen auf. Zunächst muß nicht jedes Verfahren zur Gewinnung embryonaler Stammzellen im industriellen Maßstab oder zu kommerziellen Zwecken erfolgen. Vor allem jedoch ist zu berücksichtigen, dass das britische Patentgesetz auf eine Umsetzung der europäischen Biopatentrichtlinie zielt. Hier enthält Art. 6 Abs. 2 c) eine nahezu wortgleiche Patentierungsschranke wie § 3 d) des Anhangs A2 zum Patents Act 1977. In den Begründungserwägungen zum Richtlinientext heißt es jedoch: „Ferner ist auch die Verwendung von menschlichen Embryonen zu industriellen oder kommerziellen Zwecken von der Patentierbarkeit auszuschließen. Dies gilt jedoch auf keinen Fall für Erfindungen, die therapeutische oder diagnostische Zwecke verfolgen und auf den menschlichen Embryo zu dessen Nutzen angewandt werden.“[3] In deutlicher Abweichung zur Sicht des britischen Patentamtes geht der Europäische Gesetzgeber somit davon aus, dass industrielle oder kommerzielle Zwecke in bestimmten Bereichen der Stammzellforschung kein Patentierungshindernis darstellen.

Das UK Patent Office erteilt darüber hinaus keine Patente auf totipotente Stammzellen. Ausschlaggebend für diese Bewertung ist das Potential totipotenter Stammzellen, einen vollständigen Organismus hervorzubringen. Vor diesem Hintergrund wird auf § 3 a) des Anhangs A2 zum Patents Act 1977 verwiesen, der den menschlichen Körper auf den verschiedenen Stufen seiner Entstehung und Entwicklung von der Patentierbarkeit ausschließt.

Anders verhält es sich jedoch mit der Patentierbarkeit embryonaler Stammzellen, die lediglich pluripotent sind, die also nach allgemeinem Verständnis nicht mehr

---

[3] Begründungserwägung Nr. 42.

das Potential besitzen, sich in einen vollständigen Organismus zu entwickeln. Das britische Patentamt hebt insoweit die medizinischen Hoffnungen hervor, die an Stammzellverfahren geknüpft werden, und kommt vor diesem Hintergrund zu der Überzeugung, dass eine kommerzielle Nutzung von Erfindungen in diesem Bereich nicht als Verstoß gegen „public policy“ oder „morality“ gewertet werden kann. Gesetzt den Fall, dass die allgemeinen Patentierungsvoraussetzungen erfüllt werden, erteilt das UK Patent Office folglich Patente auf Erfindungen, bei denen pluripotente embryonale Stammzellen eine Rolle spielen.

Unabhängig davon, ob das Potential einer Zelle tatsächlich der richtige Anknüpfungspunkt für die Patentierbarkeit darstellt – was mit Blick auf die mögliche Reprogrammierbarkeit von Zellen sowie auf definitorische Abgrenzungsprobleme zumindest fraglich erscheint – überrascht das britische Patentamt mit einer deutlich utilitaristischen Sicht der Dinge: Insbesondere der zu erwartende Nutzen der Forschung mit pluripotenten Stammzellen rechtfertigt deren Patentierung. Insoweit stellt sich die Frage, ob eine solche Nutzenabwägung nicht auch bei totipotenten Zellen zur Bejahung der Patentierbarkeit hätte führen müssen, da das größere Entwicklungspotential nicht nur als Risiko, sondern auch als Chance zu sehen ist.

3 USA

Bereits im Jahre 1987 veröffentlichte das United States Patent and Trademark Office (USPTO) eine Stellungnahme, wonach ein menschliches Lebewesen („human being“) nicht patentierbar (nach 35 U.S.C. 101) sei, da die amerikanische Verfassung die Begründung von Eigentumsrechten am Menschen nicht zulasse. Einzelne Zellen oder auch Zellinien wurden im Gegensatz hierzu als patentierbar erachtet.

3.1 Das „Weldon Amendment“

Zu erheblichen Diskussionen führte jedoch im Jahre 2004 der Consolidated Appropriations Act.[4] Primärer Gegenstand dieses Gesetzes war die staatliche Finanzierung in verschiedenen Bereichen der öffentlichen Verwaltung. Auf Vorschlag des Kongressabgeordneten Dave Weldon wurde das nach ihm benannte „Weldon Amendment“ aufgenommen, wonach dem USPTO – gleichsam als Auflage zu seiner Finanzierung – untersagt wurde, Patente auf Erfindungen zu erteilen, die sich auf menschliche Organismen beziehen oder diese umschließen („claims directed to or encompassing a human organism“). Obwohl das Weldon Amendment zunächst nur für das Haushaltsjahr 2004 galt, wurde allgemein die Erwartung geäußert, dass es entweder zu einer alljährlichen „Neuauflage“ der Beschränkung kommen, oder aber das Weldon Amendment in ein die Patenterteilungspraxis regulierendes Spezialgesetz übergeleitet werde.[5]

---

4 Public Law 108-199.

5 Report of the American Bar Association, Adopted by the House of Delegates, August 9-10, 2004.

Die Kritik am Weldon Amendment bezieht sich vor allem auf die Verwendung des Begriffs „menschlicher Organismus“. Obwohl Weldon selbst ausgeführt hat, dass sich sein Vorschlag nicht auf die Patentierung von Genen oder Stammzellen auswirken werde, haben Patentrechtler darauf aufmerksam gemacht, dass der Begriff „menschlicher Organismus“ („human organism“) wesentlich leichter als der Begriff „Mensch“ („human being“) auch auf menschliche Zellinien, wie etwa embryonale Stammzellinien bezogen werden könnte.[6]

Weiteren Anlaß zur Beunruhigung lieferte die Ablehnung eines von Senator Sam Brownback erarbeiteten klarstellenden Amendments[7], wonach das Weldon Amendment so zu verstehen gewesen wäre, dass es sich nicht nachteilig auswirken wird auf die Patentierung von Zellen, Geweben, Organen oder anderen Bestandteilen des menschlichen Körpers, die selbst nicht als menschliche Organismen zu qualifizieren sind – wie etwa Stammzellen, Stammzellinien, Gene, sowie lebende oder synthetische Organe.

3.2 Bewertung

Das Weldon Amendment sieht sich zu Recht der Kritik ausgesetzt. Zum einen missachtet es die allgemein anerkannte ethische Neutralität des Patentrechts. Da ein Patent keine Produkt- oder Vertriebsgenehmigung darstellt und auch sonst nicht als Ausweis einer wie auch immer gearteten „staatlichen Billigung“ dient, besteht kein Anlaß, die Arbeit der Patentämter in der geschehen Weise zu behindern.[8] Dies gilt insbesondere mit Blick darauf, dass hierzu nicht eine direkte Änderung des Patentrechts, sondern das indirekte, aber sehr effektive Zwangsmittel der Finanzierungsbeschränkung gewählt wurde. Das beschleunigte Verfahren des Bewilligungsausschusses (The U.S. House of Representatives Committee on Appropriations) bot zudem kaum Gelegenheit für eine vertiefte patentrechtliche Auseinandersetzung. Eine solche Änderung des Patentrechts „durch die Hintertür“ ist schon aus rechtsstaatlichen Gründen abzulehnen.

Im Jahre 2005 scheiterte Weldon mit einem weiteren Amendment[9], das die Zuteilung staatlicher Gelder davon abhängig gemacht hätte, dass die betreffende Einrichtung nicht in Verfahren zum Klonen von Menschen involviert ist. Aufgrund der definitorischen Offenheit hätte sich dieses Amendment auch auf das sogenannte therapeutische Klonen und damit zumindest indirekt auch auf Stamzellverfahren ausgewirkt.

Insgesamt führen die laufenden Auseinandersetzungen in den Vereinigten Staaten zu einer vergleichsweise zurückhaltenden Patentierungspraxis des USPTO. Die bislang auf menschliche Stammzellinien und stammzellgestützte Verfahren erteilten

---

6 Report of the American Bar Association, Adopted by the House of Delegates, August 9-10, 2004.

7 Report of the American Bar Association, Adopted by the House of Delegates, August 9-10, 2004.

8 Report of the American Bar Association, Adopted by the House of Delegates, August 9-10, 2004.

9 http://www.nrlc.org/news/2005/NRL07/AmendmentRejectedNews0705.html [11.01.2007].

Patente befinden sich in den Händen weniger Institutionen; hierzu zählen die Wisconsin Alumni Research Foundation (WARF), die Vanderbilt University, die John Hopkins University, das National Jewish Center for Immunology and Respiratory Medicine, sowie einige Privatfirmen.[10]

4 Kanada

4.1 Die CIPO-Richtlinien

Das kanadische Patentamt CIPO (Canadian Intellectual Property Office) hat im Juni 2006 eine „Office Practice Regarding Fertilized Eggs, Stem Cells, Organs and Tissues"[11] veröffentlicht. Diese Richtlinie greift im Wesentlichen die Unterscheidung zwischen sogenannten „höheren" und „niedrigeren Lebensformen" auf[12], die vom Supreme Court of Canada in seiner „Pioneer Hi-Bred"-Entscheidung[13] aus dem Jahre 1989 sowie 2002 im Report „Patenting of Higher Life Forms and Related Issues" des Canadian Biotechnology Advisory Committee (CBAC)[14] entwickelt worden ist.

Das CIPO vertritt die Ansicht, daß tierische Lebewesen – zu denen auch der Mensch zählt – zu jedem Zeitpunkt ihrer Entwicklung – das heißt ab der Befruchtung der Eizelle – als „höhere Lebensformen" („higher life forms") zu qualifizieren und damit nicht patentierbar gemäß § 2 des Patent Act sind. Da totipotente Zellen das gleiche „Entwicklungspotential wie befruchtete Eizellen besitzen, werden auch diese als nicht-patentierbare „höhere Lebensformen" erachtet. Im Gegenzug sollen embryonale, multipotente und pluripotente Stammzellen, die nicht das Potential zur Entwicklung eines vollständigen Organismus besitzen, patentierbar sein.

4.2 Generierung extraembryonaler Gewebe

Diese Aussagen werfen insbesondere Fragen hinsichtlich der terminologischen Abgrenzbarkeit auf. Hier bedient sich das CIPO ausdrücklich der Begriffsfestlegungen der National Institutes of Health Stem Cell Information Website. Als embryonale Stammzellen gelten danach „primitive (undifferenzierte) Zellen, die aus einem fünftägigen Präimplantations-Embryo gewonnen wurden und die das Potential besitzen, eine Vielzahl von spezialisierten Zelltypen hervorzubringen." Multipotenz bedeutet die „Fähigkeit einer einzelnen Stammzelle, sich in mehr als einen Zelltyp des menschlichen Körpers auszudifferenzieren." Unter Pluripotenz wird hingegen die „Fähigkeit einer einzelnen Stammzelle, alle Zelltypen des menschlichen Körpers hervorzubringen", verstanden.

---

[10] Übersicht bei: ESMOND/SCHWARTZMAN/EBERSOLE, „Stem Cells: The Patent Landscape", Intellectual Property & Technology Law Journal 2006, 1 ff.

[11] http://strategis.ic.gc.ca/sc_mrksv/cipo/patents/notice_jun20_06-e.html [11.01.2007].

[12] Allgemein hierzu: PERRY, „Lifeform Patents: the high and the low", Journal of International Biotechnology Law 2004, 20 ff.

[13] *Pioneer Hi-Bred Ltd v. Commissioner of Patents* (1989) 60 D.L.R. (4th) 223.

[14] http://cbac-cccb.ca/epic/internet/incbac-cccb.nsf/en/ah00188e.html [11.01.2007].

Ist eine Stammzelle aber in der Lage, sogenannte „extraembryonale“ Gewebe hervorzubringen, so gilt sie nach der NIH-Definition, auf die das CIPO auch insoweit ausdrücklich Bezug nimmt, als totipotent. Insbesondere dann, wenn eine Stammzelle die Plazenta bzw. Teile der Plazenta entwickeln kann, gilt sie folglich als totipotent und damit als nicht-patentierbar. Relevanz erlangt diese Unterscheidung mit Blick auf Gewebe wie das Amnion oder das Chorion. Beim Amnion (auch „Schafshaut“ genannt) handelt es sich um die gefäßlose innerste Eihaut (Embryonalhülle). Das Chorion (sogenannte „Zottenhaut“) bildet hingegen die mittlere Eihaut. Das fruchtseitige Epithel des Amnions sondert das Fruchtwasser (sogenannte „Amnionflüssigkeit“) ab. Amnionmembranen spielen bereits heute eine therapeutische Rolle, da sie zur Behandlung von Oberflächendefekten an Bindehaut und Hornhaut des Auges – etwa nach Brandverletzungen oder bei tiefen Hornhautgeschwüren – transplantiert werden.[15]

4.3 Organe und Gewebe

Das CIPO äußert sich darüber hinaus zur Patentierbarkeit von Organen und Geweben. Hier wird eine Patentierung rundum abgelehnt, da insoweit keine Erfindung im Sinne von § 2 des kanadischen Patentgesetzes vorliege. Vielmehr würden Organe und Gewebe durch komplexe Prozesse generiert, die zumindest teilweise keine menschliche Intervention erfordern würden. Darüber hinaus bestünden Organe und Gewebe nicht aus „Zutaten“ oder Substanzen, die vom Menschen kombiniert oder vermischt werden. Im Einzelfall könnten jedoch künstliche organähnliche oder gewebeähnliche Strukturen, die im Wesentlichen durch den Menschen mittels Kombination verschiedener zellulärer oder anderer Komponenten hergestellt worden sind, patentiert werden.

Für die Stammzellforschung ist diese letzte Einschränkung insoweit von erheblicher Relevanz, als nach der Vorstellung einiger Forscher mit Stammzellen ganze Organe oder auch Kunsthaut gezüchtet werden sollen.[16] Sind auf diesem Wege extrakorporal produzierte Organe jedoch naturidentisch, so müsste nach den Vorgaben des CIPO eine Patentierung ausscheiden. Voraussetzung wäre vielmehr eine hinreichende Modifizierung, die zu einem „organähnlichen“ Ergebnis führen. Dieses Ergebnis widerspricht nicht nur den Interessen der beteiligten Forscher, sondern auch den Interessen von Patienten, die aufgrund des allgemeinen Organmangels mitunter jahrelang auf ein geeignetes Transplantat warten müssen.

---

[15] LEINER, „Wie ein schützender Film deckt die Eihülle verletzte Augen ab, oder sie füllt Geschwüre der Hornhaut“, Ärzte Zeitung vom 20.10.1999.

[16] Hierzu: SPRANGER, „Stammzellforschung aus rechtlicher Sicht“, Zentralblatt für Gynäkologie 124 (2002), 529 ff.

5 Australien

In Australien ist die Debatte um die Patentierbarkeit von Stammzellen und Stammzellverfahren besonders eng mit den allgemeinen rechtlichen Rahmenbedingungen für Embryonenforschung und Klonierung verknüpft.[17]

5.1 Entwicklung des australischen Patentrechts

§ 18 des australischen Patents Act von 1990 (Commonwealth) führt die allgemein anerkannten Prinzipien der Neuheit, der erfinderischen Tätigkeit und der „usefulness" auf. Erfindungen, die biologisches Material verwenden, gelten dabei grundsätzlich dann als patentierbar, wenn die entsprechenden Substanzen aus der Natur isoliert worden sind. § 18 Abs. 2 des Patents Act schließt jedoch menschliche Lebewesen und biologische Prozesse für deren Generierung („human beings and the biological processes for their generation") von der Patentierbarkeit aus. Im Schrifttum wurde deshalb der Einwand erhoben, § 18 Abs. 2 des Patentgesetzes stehe der Patentierung humaner embryonaler Stammzellen entgegen. Da das Patentgesetz aber weder den Begriff der „menschlichen Lebewesen" definiert noch klarstellt, was unter „biologischen Prozessen für deren Generierung" zu verstehen ist, und es darüber hinaus an einer Klärung durch die Rechtsprechung fehlt, bleibt die Frage überaus umstritten.

Die historische Interpretation der Vorschrift bringt insoweit ebenfalls wenig Klarheit, da die entsprechende Klausel des Patentgesetzes auf das Jahr 1990 zurückgeht. Senator Brian Harradine, der als Initiator der Bestimmung gilt, nannte als möglichen Anwendungsbereich „Klonierungstechniken beim Embryo im Vier-Zell-Stadium" und stellte damit insbesondere auf das Embryonensplitting ab.[18] Die Opposition erachtete solche Erfindungen als nicht patentierbar, die sich auf die „In-vitro-Fertilisation und Klonierung zu Reproduktionszwecken" beziehen.

Die Richtlinien des australischen Patentamtes IP Australia[19] (Manual of Practice and Procedure [the Manual]) verzichteten ursprünglich ebenfalls auf eine umfassende Präzisierung, erachteten jedoch bestimmte Erfindungen als eindeutig unpatentierbar. Nicht patentiert werden konnten demnach:

- Menschliche Lebewesen, Föten, Embryonen oder befruchtete Eizellen;
- Methoden der In-vitro-Fertilisation oder der Klonierung, die menschliche Lebewesen hervorbringen, sowie
- Prozesse – mit der Befruchtung beginnend und mit der Geburt endend – die biologisch sind und zur Existenz eines menschlichen Lebewesens führen.

---

[17] Die folgenden Ausführungen sind in Teilen das Ergebnis eines Forschungsaufenthaltes an der University of Technology Sydney, der mit Unterstützung der Alexander von Humboldt-Stiftung realisiert werden konnte.

[18] AUSTRALIAN LAW REFORM COMMISSION (Hrsg.), „Genes and Ingenuity: Gene Patenting and Human Health", 2004, Nr. 15.37.

[19] Ehemals: Australian Patents Office.

Umgekehrt sahen die Richtlinien keine grundsätzlichen Bedenken gegen die Patentierung von menschlichen Genen, Geweben und Zellinien, weil es sich hierbei nicht um menschliche Lebewesen handele. Erst das inhärente Potential der Reifung hin zu einem menschlichen Lebewesen sollte Anlaß für eine Nicht-Patentierbarkeit sein. Dementsprechend galt aus Sicht von IP Australia der Grundsatz, dass mit „zunehmender Komplexität des Patentgegenstandes die Wahrscheinlichkeit für eine Ablehnung zunimmt. Komplex in diesem Sinne waren z. B. befruchtete Eizellen, Stammzellen, Föten, genetisch modifizierte Tiere, die menschliche Gene enthalten, sowie Menschen, die mit tierischem Gewebe behandelt wurden. Patentanträge, die in diese rechtliche Grauzone fallen, wurden nach der Praxis von IP Australia einem „supervising examiner" gemeldet, der die Angelegenheit sodann mit einem „Deputy Commissioner" besprach.

Vor dem beschriebenen regulatorischen Hintergrund hat die Australian Law Reform Commission[20] in einem Bericht zum Patentrecht (Genes and Ingenuity: Gene Patenting and Human Health)[21] im Jahre 2004 gefordert, dass IP Australia klare Handlungsanweisungen erlässt, in denen zwischen patentierbaren und nicht-patentierbaren Stammzellverfahren unterschieden wird. Als Titel für ein solches Regelwerk wird „Stem Cell Examination Guidelines" vorgeschlagen. Als wesentlicher Anknüpfungspunkt für diese Richtlinien erachtet die ALRC die bereits besprochene UK Patent Office's Practice Note, wobei insbesondere die Unterscheidung zwischen totipotenten und pluripotenten Zellen hervorgehoben wird.

Eine Modifizierung des Patentgesetzes wird hingegen aus verschiedenen Gründen abgelehnt. Zum einen soll das Patentgesetz hinreichend flexibel auf technische Neuerungen reagieren können und so im Gegenzug auf Detailregelungen zu bestimmten Techniken verzichten. Zum anderen werden Konflikte insbesondere mit dem TRIPs-Abkommen befürchtet. Ferner wird darauf hingewiesen, dass von einem expliziten Ausschluß stammzellgestützter Verfahren von der Patentierbarkeit im Patengesetz nachteilige Signale an die Forschung (und letztlich auch an potentielle Investoren) ausgehen könnten.

Der Bericht der ALRC weist schließlich darauf hin, dass das derzeit geltende Patentrecht Australiens bereits jetzt verschiedene Klauseln enthält, die es ermöglichen, als unverhältnismäßig erachtete Stammzellpatente zurückzuweisen. So hat etwa der Commissioner of Patents die Befugnis, Patentanmeldungen, die gegen das Gesetz verstoßen, zurückzuweisen. In diesem Zusammenhang erlangt beispielsweise § 10 RIHEA Bedeutung, wonach ein „excess ART embryo" nicht ohne Genehmigung des National Health and Medical Research Council Licensing Committee verwendet werden darf. Weitere Patentierungsschranken sollen sich möglicherweise durch eine Inkorporierung des Statute of Monopolies 1623 in die

---

[20] Die rechtlich nicht verbindlichen Empfehlungen der 1975 eingerichteten ALRC entfalten große rechtspolitische Wirkkraft, da bislang nahezu 80 % der Empfehlungen im Wesentlichen oder zumindest teilweise in geltendes Recht umgesetzt worden sind; hierzu: SPRANGER, „Neueste Entwicklungen bei der Patentierung biotechnologischer Erfindungen in Australien", GRUR Int. 2005, 469.

[21] http://www.austlii.edu.au/au/other/alrc/publications/reports/99/ [11.01.2007].

Erfindungsdefinition des Patentgesetzes für solche Erfindungen ergeben, die als „grundsätzlich unangebracht" („generally inconvenient") erachtet werden. Eine zusätzliche ethische Nachprüfung wird hingegen durch die ALRC ausdrücklich abgelehnt.

Mittlerweile hat IP Australia die Vorschläge der ALRC aufgegriffen und im Manual ein eigenes Subkapitel zur Patentierung von Stammzellen und Stammzellverfahren aufgenommen.[22] Totipotente Stammzellen werden dabei aufgrund ihres Entwicklungspotentials von der Patentierbarkeit gemäß § 18 Abs. 2 des Patentgesetzes ausgeschlossen. Embryonale Stammzellen, die „nur" pluripotent oder multipotent sind, gelten hingegen ebenso wie adulte Stammzellen als patentierbar. Daß zur Gewinnung embryonaler Stammzellen Embryonen getötet werden müssen, spielt insoweit keine Rolle.

Inwieweit technische Verfahren, die Stammzellen nutzen, patentiert werden können, beurteilt sich nach den Vorgaben der neuen Richtlinien nach § 50 Abs. 1 a) des Patentgesetzes. Nach dieser Bestimmung kann die Erteilung eines Patentes verweigert werden, wenn die Erfindung gegen das Recht verstößt („the invention is contrary to law"). Einige Stammzellverfahren können nach Auffassung von IP Australia unter Berücksichtigung der Vorgaben des Prohibition of Human Cloning Act 2002 (PHCA) und des Research Involving Human Embryos Act 2002 (RIHEA) unter diese Verbotsklausel zu subsumieren sein. Damit wird in Australien eine unmittelbare Verknüpfung zwischen Patentrecht einerseits und Vorgaben des Biomedizinrechts[23] andererseits hergestellt. Die insoweit geltenden Rahmenbedingungen sollen im Folgenden kurz dargestellt werden.

5.2 Rahmenbedingungen des Biomedizinrechts

Der Prohibition of Human Cloning Act 2002 (PHCA) verbietet eine Vielzahl von Verfahren, die insbesondere die Klonierung von Embryonen betreffen. Dabei wird ein Embryo nach dem Verständnis des Gesetzes dann geklont, wenn er die genetische Kopie eines anderen lebenden oder verstorbenen Menschen darstellt und nicht durch die Befruchtung einer Eizelle mit Spermien entstanden ist (Art. 8 Abs. 1 PHCA: „human embryo clone").

Im einzelnen stehen die folgenden Handlungen unter Strafe: Die Klonierung eines menschlichen Embryos (Art. 9 PHCA), die Verpflanzung eines solchen Klons in einen menschlichen oder tierischen Körper (Art. 10 PHCA), der Import oder Export derartiger Klone (Art. 10 PHCA), die Herstellung menschlicher Enbryonen auf anderem Wege als durch die Befruchtung einer Eizelle mit Spermien (Art. 13 PHCA) oder zu einem anderen Zweck als zur Herbeiführung einer Schwangerschaft (Art. 14 PHCA), die Herstellung eines Embryos, der genetisches Material von mehr als zwei Personen enthält (Art. 15 PHCA), die vererbliche Veränderung des Genoms

---

[22] www.ipaustralia.gov.au/pdfs/news/patamendvol205.pdf [11.01.2007].

[23] Hierzu: SPRANGER, „Embryonen- und Stammzellforschung in Australien", Sozialrecht und Praxis 2005, 55 ff.; *ders.*, „Australiens Regulierung der Biotechnologie: Neueste Entwicklungen in Biopolitik und Biorecht", Zeitschrift für Biopolitik 2005, 219 ff.

(Art. 18 PHCA), die Entnahme eines lebensfähigen Embryos aus dem Mutterleib (Art. 19 PHCA), die Erschaffung von Chimären-[24] oder Hybrid-Embryonen[25] (Art. 20 PHCA), die Verpflanzung nicht-geklonter Embryonen in einen tierischen Organismus oder in andere Körperteile als die Fortpflanzungsorgane einer Frau (Art. 21 Abs. 1 uns 2 PHCA), die Verpflanzung tierischer Embryonen in einen menschlichen Körper (Art. 21 Abs. 3 PHCA), der Embryonenimport und -export (Art. 22 PHCA), sowie der kommerzielle Handel mit Eizellen, Spermien oder Embryonen (Art. 23 PHCA).

Diesem umfassenden Verbotskatalog stehen indes zwei Klauseln gegenüber, die Raum für eine Vielzahl unterschiedlichster Forschungsarbeiten lassen. Zunächst führt Art. 16 PHCA aus, daß Embryonen ausserhalb des menschlichen Körpers maximal bis zum vierzehnten Tag ihrer Entwicklung verwahrt werden dürfen. Entscheidend ist dabei nicht die Dauer der Verwahrung, sondern der Stand der embryonalen Entwicklung. Wird also beispielsweise ein Embryo am zehnten Entwicklungstag für die Dauer von fünf Jahren eingefroren, so liegt kein Verstoß gegen Art. 16 PHCA vor. Welche Forschungsmaßnahmen im einzelnen innerhalb dieser Frist zulässig sind, beurteilt sich sodann nach den Vorgaben des Research Involving Human Embryos Act 2002 (RIHEA).

Art. 17 PHCA betrifft die Verwendung sogenannter embryonaler Vorläuferzellen (precursor cells), die das Potential aufweisen, sich in Eizellen oder Spermien weiterzuentwickeln.[26] Wer einem Embryo derartige Zellen entnimmt und hieraus einen anderen Embryo erzeugt, oder vorhat, einen Embryo zu erzeugen, macht sich nach Art. 17 PHCA strafbar. Im Umkehrschluß führt diese Bestimmung jedoch dazu, daß die Entnahme von Vorläuferzellen zu anderen Zwecken als der Embryonenerzeugung durchaus gestattet ist.[27] Insbesondere ist auch zu berücksichtigen, daß nach den Vorgaben des PHCA nur dann von einem menschlichen Embryo die Rede ist, wenn sich bereits Pronuklei (Vorkerne) gebildet haben oder der embryonale Entwicklungsprozess auf andere Weise in Gang gesetzt worden ist[28]. Vorläuferzellen sind damit alleine noch nicht als Embryonen zu qualifizieren. Totipotente Stammzellen, die nach § 8 Abs. 1 des Embryonenschutzgesetzes in Deutschland als Embryonen zu qualifizieren wären, genießen in Australien folglich keinen vergleichbaren Status. Anders als der deutsche Gesetzgeber, der bereits das bloße Entwicklungspotential totipotenter Stammzellen für ausreichend hält, um diesen den Status von Embryonen zuzusprechen, knüpft das australische Recht somit an einen bestimmten Stand der Entwicklung an.

---

[24] Der Begriff „Chimären-Embryo“ erfaßt einen menschlichen Embryo, in den tierische Zellen eingeschleust wurden; vgl. Art. 8 Abs. 1 PHCA: „chimeric embryo“.

[25] Der Begriff „Hybrid-Embryo“ erfaßt Wesen, die durch die Verschmelzung tierischer und menschlicher Zellen entstehen; vgl. Art. 8 Abs. 1 PHCA: „hybrid embryo“.

[26] Art. 8 Abs. 1 PHCA: „precursor cell“.

[27] Ein nach dem 5. April 2002 erzeugter Embryo darf durch die Entnahme allerdings keinen Schaden erleiden; vgl. hierzu im folgenden unter II 2.

[28] Art. 8 Abs. 1 PHCA: „human embryo“.

Die Vorgaben des RIHEA füllen den Spielraum aus, den Art. 16 PHCA für die Embyronenforschung innerhalb der ersten 14 Tage der Entwicklung eröffnet hat. Von zentraler Bedeutung ist dabei zunächst, daß der durch das RIHEA statuierte Regelungskomplex ausschließlich die Forschung an überzähligen Embryonen (sogenannten excess ART[29] embryos) gestattet, die zum Zwecke der künstlichen Fortpflanzung erzeugt wurden, hier jedoch keine Verwendung mehr finden. Dies bedeutet im Umkehrschluß, daß das australische Embryonenschutzrecht die zielgerichtete Erzeugung von Embryonen zu Forschungszwecken nicht erlaubt.

Fundamentale Voraussetzung für eine derartige Verwendung „überzähliger" Embryonen ist dabei zunächst, daß beide Elternteile einer solchen Verwendung schriftlich zugestimmt haben (Art. 9 RIHEA). Die gewünschte Forschungsmaßnahme muß sodann durch das Embryo Research Licensing Committee (ERLC), das als Suborgan des National Health and Medical Research Council fungiert, genehmigt werden. Das interdisziplinär zusammengesetzte ERLC entscheidet gemäß Art. 20 Abs. 1 RIHEA über die Anträge, die von einzelnen Forschern eingereicht werden können.

Das Gesetz nennt eine Reihe von Kriterien, die die Entscheidung der Genehmigungsbehörde leiten. So kann eine Genehmigung nur dann erteilt werden, wenn nicht mehr Embryonen verwendet werden, als zur Erreichung des Forschungsziels erforderlich ist, wenn durch die beantragte Forschung ein erheblicher Wissenzuwachs oder eine Verbesserung von Behandlungstechnologien zu erwarten ist, und wenn alle sonstigen relevanten Vorgaben beachtet wurden (Art. 21 Abs. 4 RIHEA).

Eine Genehmigungserteilung scheidet aber auf jeden Fall dann aus, wenn ein nach dem 5. April 2002 erzeugter Embryo durch die geplanten Arbeiten beschädigt oder vernichtet werden könnte (Art. 21 Abs. 3 lit. b), 24 Abs. 1 lit. c) und 24 Abs. 3 RIHEA). Insoweit kann die Bestimmung auch Bedeutung für die Gewinnung embryonaler Stammzellen erlangen. Die genannte Frist weckt Erinnerungen an das deutsche Stammzellgesetz, wonach für den Import embryonaler Stammzellen unter anderem gefordert wird, daß diese in Übereinstimmung mit der Rechtslage im Herkunftsland dort vor dem 1. Januar 2002 gewonnen worden sein müssen. Durch diese Frist soll sichergestellt werden, daß ausschließlich auf solche Stammzellen zurückgegriffen wird, bei denen „die Entscheidung über Tod oder Leben" bereits gefallen ist. Tatsächlich ist die Intention des australischen Gesetzgebers die gleiche. Allerdings knüpft die hier gewählte Frist – anders als in Deutschland – nicht an den Beginn der parlamentarischen Debatte, sondern an das Inkrafttreten des RIHEA an.

Im Ergebnis führen derartige Stichtagsregelungen freilich stets dazu, daß identischen Rechtsträgern ein denkbar unterschiedlicher Schutz angedeiht. Im Falle Australiens bedeutet dies, daß vor dem Stichtag erzeugte Embryonen im Rahmen von Forschungsmaßnahmen prinzipiell beschädigt oder vernichtet werden dürfen, wohingegen später erzeugte Embryonen in der Substanz ausnahmslos unangetastet bleiben müssen. Die Willkür und die moralische Inkonsequenz eines solchen Regelungsansatzes treten offen zu Tage; verdeutlicht wird aber auch das Dilemma eines Gesetzgebers, der sich weder zu einem absoluten Embryonenschutz, noch zu einem

[29] Assisted reproduction technology.

absoluten Vorrang der Forschungsfreiheit bekennen will. Als Konsequenz zeigt sich das folgende Zerrbild: Obwohl der rechtliche und moralische Status der Vergleichsgruppen keinen erkennbaren Unterschied aufweist, können vor dem Stichtag erzeugte Embryonen durch die Forschungshandlung vernichtet werden, wohingegen nach dem Stichtag erzeugte Embryonen noch nicht einmal in ihrer physischen Unversehrtheit beeinträchtigt werden dürfen.

Neben der bereits angesprochenen Inkonsequenz läßt die beschriebene Regelung die Beantwortung weiterer Fragen offen. Fraglich erscheint bereits, welche wegweisenden Forschungsmaßnahmen überhaupt zu erwarten sind, wenn der Embryo unter keinen Umständen beschädigt werden darf. Darüber hinaus erscheint ungewiss, wie im Rahmen der konkreten Anwendung sichergestellt werden kann, daß der Embryo tatsächlich nicht beschädigt wird. Diskussionswürdig ist auch die der gesamten Konzeption zugrundeliegende Überzeugung, daß der Embryo zwar nicht beschädigt werden darf, es aber moralisch vertretbar ist, einen Embryo immer wieder zu Forschungszwecken zu verwenden. Wer – wie in der deutschen Grundrechtslehre vertreten – in der Nutzung des Embryos stets eine unzulässige, die Würde verletzende Instrumentalisierung menschlichen Lebens sieht, versteht im Gegensatz zur australischen Sichtweise die Vernichtung des Embryos sogar als den geringeren Eingriff.

Schließlich muss insbesondere auf die Konsequenzen hingewiesen werden, die sich aus der 14-Tages-Frist des Art. 16 PHCA für die Embryonenforschung ergeben. Zwar können Embryonen über Jahre hinweg offensichtlich ohne Schaden eingefroren werden. Wird der Embryo jedoch zwecks Durchführung von Forschungsmaßnahmen „aufgetaut" und entwickelt sich sodann – gegebenenfalls vorerst nur bis zur weiteren Tiefkühlung – weiter, so ist es letztlich nur eine Frage der Zeit, bis schließlich der vierzehnte Tag der embryonalen Entwicklung erreicht ist. Da Art. 16 PHCA eine über diesen Zeitraum hinausreichende Aufbewahrung des Embryos ausnahmslos verbietet, käme allenfalls eine Verpflanzung des Embryos in den Mutterleib in Betracht. Diese Option scheitert indes aus verschiedenen Gründen: Die genetische Mutter des Embryos kommt für eine Verpflanzung nicht in Betracht, da sie ja gerade gemäß Art. 9 RIHEA erklärt haben muss, an einer Verpflanzung kein Interesse mehr zu haben. Selbst wenn man davon ausgehen möchte, daß diese Erklärung widerruflich ist, wird wohl schon rein faktisch kein Interesse an der Verpflanzung eines Embryos bestehen, an dem wissenschaftliche Versuche unternommen wurden. Unter Umständen müsste eine derartige Verpflanzung sogar gegen den Willen der Mutter in ihrem eigenen Interesse untersagt werden.

Darf ein Embryo somit nicht über den vierzehnten Tag seiner Entwicklung hinaus außerhalb des menschlichen Körpers verwahrt werden und scheidet zugleich die Möglichkeit einer Verpflanzung des Embryos in den Mutterleib aus, so verbleiben nur zwei Möglichkeiten. Entweder wird der Embryo vernichtet, oder er wird kurz vor Erreichen der 14 Tages-Frist „auf ewig" eingefroren. Die letztgenannte Variante steht zwar mit den Vorgaben des PHCA und des RIHEA ohne weiteres in Einklang, verdeutlicht jedoch wiederum, daß gesetzgeberische Kompromisslösungen mitunter wenig befriedigen.

6 Zusammenfassende Schlußbemerkung

Die wohl offensichtlichste Gemeinsamkeit der beschriebenen Rechtsordnungen besteht im jeweiligen Fehlen einer spezifischen gesetzlichen Regelung zur Patentierung von Stammzellen und Stammzellverfahren. Die betroffenen nationalen Patentämter behelfen sich in Ermangelung eindeutiger Vorgaben der Patentgesetze zumeist mit Richtlinien oder allgemeinen Handreichungen. Dabei lässt sich eine eindeutige Tendenz zur Unzulässigkeit der Patentierung totipotenter Stammzellen feststellen.

So begrüßenswert diese Einmütigkeit auch ist, darf doch nicht übersehen werden, dass der Begriff der Totipotenz im naturwissenschaftlichen Kontext überaus umstritten und zudem auch immer noch nicht geklärt ist, welche „Stammzelltypen" über welches „Potential" verfügen und welche Möglichkeiten eine „Reprogrammierung" von Zellen bietet. Die Aussage, dass totipotente Stammzellen nicht patentiert werden, suggeriert also eine Rechtssicherheit, die es so nicht gibt.

Daneben existieren zahlreiche Abweichungen im Detail, die für den Erfinder teils gravierende Auswirkungen haben. Dies gilt etwa für die in Kanada praktizierte Nicht-Patentierbarkeit von Stammzellen, die „extraembryonale" Gewebe hervorbringen, für den in Großbritannien geltenden undifferenzierten Ausschluß solcher Verfahren von der Patentierbarkeit, die auf die Gewinnung humaner embryonaler Stammzellen gerichtet sind, oder für die besonders enge Verknüpfung patent- und biomedizinrechtlicher Standards in Australien. Mit der Verlagerung patentrechtlicher Grundsatzentscheidungen in haushaltsrechtliche Debatten wird in den USA schließlich eine völlig neue Ebene der Auseinandersetzung erreicht.

Insgesamt zeigt sich damit ein überraschend heterogenes Bild der Patentierung von Stammzellen und Stammzellverfahren sogar in solchen Ländern, die gemeinsame Rechtstraditionen teilen. Dieser Befund mag als Indikator dafür dienen, welchen Herausforderungen sich insbesondere das TRIPS-Übereinkommen auch in Zukunft noch gegenüber sieht.

The Issues Surrounding Patent Protection for Human-Embryonic Stem Cells and Therapeutic Cloning in Japan

*Koichi Sumikura**

1 Introduction 111
2 Research on Human ES Cells in Japan 112
3 Regulations in Japan 112
4 Patentability Questions 114
4.1 Inventions that contravene public order, morality or public health – Article 32 of the Japanese Patent Law 114
4.2 Debate on Reforming the System for Patent Protection of Medical Activities 116
4.2.1 Key Court Decision that Gave Momentum to the Debate 116
4.2.2 Discussions Directed Towards Institutional Reforms 118
4.2.3 Starting Points for Future Discussion 119
5 Conclusion 120

1 Introduction

In 2003, the Intellectual Property Strategy Headquarter was established within the Japanese government,[1] and an Intellectual Property Strategic Program has since been released every year.[2] The Government of Japan (GOJ) has been seeking to be an "intellectual property-based nation".

In becoming an "intellectual property-based nation", patentability of inventions related to human embryonic stem (ES) cells has developed into a key issue of intellectual property policy. The Intellectual Property Strategic Program 2004 states, "[i]n FY 2004 and beyond, with the aim of promoting further progress in the latest frontiers of life sciences and their medical applications, the GOJ will study the desirable patent protection for inventions using human ES cells, embryonic germ cells (EG cells), etc. from the viewpoints of bioethics, science and technology policies, and medical policies".[3]

In this article the environment for scientific research in Japan and the achievements of Japanese scientists in the area related to ES cells and regenerative medicine will be described. Statutory regulations or guidelines surrounding research in this area will also be explained. Then the patentability of ES cells will be discussed, focusing on Article 32 of the Japanese Patent Law. In addition, as a related issue, a

* Ph.D., Associate Professor, National Graduate Institute for Policy Studies, Tokyo.
1 Intellectual Property Basic Act (Act No. 122 of 2002), http://www.cas.go.jp/jp/seisaku/hourei/data/ipba.pdf.
2 http://www.kantei.go.jp/jp/singi/titeki2/.
3 "Intellectual Property Strategic Program 2004", Chapter 2. 3. (1)-ii).

J. Straus et al. (eds.), *Patentschutz und Stammzellforschung: Internationale und rechtsvergleichende Aspekte*, MPI Studies on Intellectual Property, Competition and Tax Law 13,
DOI 10.1007/978-3-642-02496-2_6, © Springer-Verlag Berlin Heidelberg 2009

recent history of the debates on reform of the patent protection system for medical activities will be described.

2 Research on Human ES Cells in Japan

In Japan, the Science and Technology Basic Plan has been in progress in accordance with the 1995 Science and Technology Basic Law. Approximately 17 trillion yen was invested in the first Basic Plan, which started in 1996. This was followed by an investment of approximately 24 trillion yen in the second Basic Plan, which began in 2001. Another 25 trillion yen is scheduled to be spent for the third Basic Plan starting in 2006. With progress such as this underway, the field of life sciences is being focused on as one of the four priority fields receiving a large allocation of government funds.

Regarding regenerative medicine including research on human embryonic stem cells, the Project for Realization of Regenerative Medicine has been implemented by the Ministry of Education, Culture, Sports, Science and Technology (MEXT). With scheduled funding of 20 billion yen over a period of ten years starting from 2003, the project represents a growing nationwide commitment towards progress of the field. At the local government level, the City of Kobe, for example, has set up the Kobe Medical Industry Development Project to help attract regenerative medicine-related research institutions and venture businesses as a part of its initiative to develop an intellectual cluster.

As of the end of March 2006, 35 applications for research projects using human ES cells have been submitted and given approval. A new derivation of human ES cell lines was successfully achieved by a Kyoto University team in August and November 2003. In August 2006, a team led by Professor Shinya Yamanaka of Kyoto University reported a successful induction of ES cell-like pluripotent stem cells from mouse skin cells without the use of egg cells or fertilized eggs.[4] They are called induced pluripotent stem (iPS) cells. In November 2007, Professor Yamanaka reported a successful induction of human iPS cells.[5] The iPS cells can enable the derivation of pluripotent stem cells without the ethical issues involved in destroying fertilized eggs. The MEXT decided to provide funding of about 10 billion yen over the period of five years for research on iPS cells.

3 Regulations in Japan

Under the Guidelines for Derivation and Utilization of Human Embryonic Stem Cells[6] announced by the MEXT (2001; hereafter referred to as the ES Guidelines), derivation of ES cells using any excess embryo that has been stored frozen (which

---

4 TAKAHASHI/YAMANAKA, "Induction of Pluripotent Stem Cells from Mouse Embryonic and Adult Fibroblast Cultures by Defined Factors", *Cell* 126, 663-676 (2006).

5 TAKAHASHI/TANABE/ÔNUKI/NARITA/ICHIKASA/TOMODA/YAMANAKA, "Induction of Pluripotent Stem Cells from Adult Human Fibroblasts by Defined Factors", *Cell* 131, 861-872 (2007).

6 http://www.lifescience.mext.go.jp/files/pdf/32_90.pdf.

is defined as a "human fertilized embryo which has initially been created for the purpose of fertility treatment, but is planned not to be used any longer for that purpose, and hence, is without question intended to be discarded by its donors") is permitted on the condition that the appropriate informed consent has been obtained.

However, research into therapeutic cloning, one promising aspect of the future of regenerative medicine, has not been allowed. While the Act on Regulation of Human Cloning Techniques[7] (established in 2000) sets forth nine categories of Specified Embryos, the Guidelines for Handling of a Specified Embryo[8] (2001; hereafter referred to as the Specified Embryo Guidelines) that are based on the Act on Regulation of Human Cloning Techniques ruled that, for the time being, embryos that may be produced were limited to animal-human chimeric embryos, and the production of human somatic clone embryos would not be allowed.

Later in 2004, the Special Research Committee on Bioethics of the Council for Science and Technology Policy compiled the "Basic Conceptual Approach Relating to Treatment of Human Embryos" (Opinions), in which it was suggested that the production and use of human somatic clone embryos for research purposes should be allowed in a limited manner, and that the Specified Embryo Guidelines and ES guidelines should be amended accordingly. As a result, a Working Group on the Use of the Human Clone Embryo in Research was set up under the MEXT, and the *Production and Use of Human Clone Embryo for Research Purposes; the Interim Report by the Working Group on the Use of the Human Clone Embryo in Research* was released in June 2006.

The ES Guidelines were amended in 2007. After a discussion of the approval of research into the derivation of ES cells from human clone embryos, it was concluded that at this stage it should not be allowed in Japan. The Manual on the Guidelines for Derivation and Utilization of Human Embryonic Stem Cells[9] did however mention that in the future, therapeutic cloning by ES cells derived from human clone embryos having the same genes as patients would be expected.

On May 20, 2009, the ES Guidelines, the enforcement rule of the Act on Regulation of Human Cloning Techniques, and the Specified Embryo Guidelines were amended.[10] This amendment enable to produce human ES cells derived from human clone embryos for the propose of research in regenerative medicine.

---

7 http://www.cas.go.jp/jp/seisaku/hourei/data/htc.pdf.

8 http://www.lifescience.mext.go.jp/files/pdf/30_82.pdf.

9 http://www.lifescience.mext.go.jp/files/pdf/32_166.pdf pp.10 (Japanese).

10 http://www.lifescience.mext.go.jp/bioethics.

4 Patentability Questions

4.1 Inventions that contravene public order, morality or public health – Article 32 of the Japanese Patent Law

The Patent Law of Japan sets forth in Article 32 that "inventions liable to contravene public order, morality or public health" cannot be patented.[11] While patents are exclusive rights to the practice of inventions, granting a patent does not encourage the practice of inventions; likewise, even if a patent is not granted to an invention, its use or sale may not be banned. In the following, we will discuss the *raison d'etre* of Article 32 as well as its role as recognized in modern society.

When a patent is granted for an invention that may offend public order and morals, the fact is highly likely to make headlines, which will consequently give the general public the impression that use of such technology has been given the "go-ahead" by the national government. Given this possibility, it is considered reasonable to impose certain restrictions on patentable subject matter from the standpoint of maintaining public order and morals, or preventing undesirable values from spreading in today's society. Reproductive cloning technology, or technology to produce human clones, if given a patent, will most likely have a negative impact on national values, and thus will be declined for a patent on the grounds that it offends to Article 32 of the Patent Law of Japan.

In the meantime, based on provisions of Article 27.2. of the Agreement on Trade-Related Aspects of Intellectual Property Rights (TRIPs Agreement), which states "[m]embers may exclude from patentability inventions, the prevention within their territory of commercial exploitation which is necessary to protect *ordre public* or morality, including to protect human, animal or plant life or health or to avoid serious prejudice to the environment, *provided that such exclusion is not made merely because the exploitation is prohibited by their law*", inventions regarded by the patent law as offending the provisions on public order and morals may be limited to those whose extent of the offence by their practice against ethical norms exceeds the level of restrictions imposed by other laws and regulations.

Therefore, such inventions may be divided into three categories based on the magnitude of ethical issues they may cause, which is seen on the vertical axis of the diagram as shown in Figure 1: the categories include those 1) regarded as offending public order and morals under the Patent Law (no patent will be given and restrictions are applicable); 2) that violate statutory regulations but are not regarded as offending public order and morals (patent may be granted but restrictions are applicable); and 3) do not violate statutory regulations (patent may be granted and no restrictions are applicable). In the cases of new technology for which regulatory control has not been established, it is possible that such technology could be regarded as breaking Article 32 on the grounds that it could potentially cause significant offense to the public order and morals, despite the absence of any restriction to

[11] However, there has been no case of a lawsuit contesting whether an invention offends public order and morals in terms of bioethics.

its practice. Such a situation would however be rare. As a result, it is highly unlikely that the hierarchy of these two horizontal lines will be reversed.

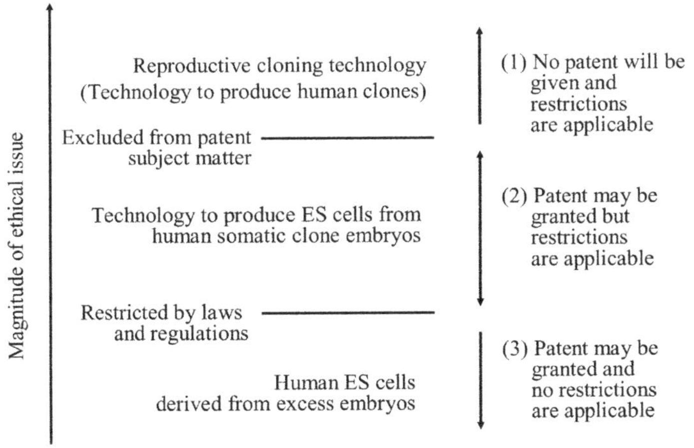

Figure 1. Restriction by laws and regulations and exclusion from patentability. Plotting of specific cases is based on the situation in Japan, before April 2009.

As for the current situation in Japan, reproductive cloning technology might fall under category (1) because it is prohibited under the Act on Regulation of Human Cloning Techniques and is likely to be considered "unpatentable" based on the provision of Article 32 as described above. Under the situation in Japan before April 2009, technology to produce ES cells from human somatic clone embryos as a basis for therapeutic cloning might fall under category (2) since it could not be practiced under laws and regulation. Human ES cells derived from excess embryos that meet the conditions should fall into the category (3) above as its practice is not restricted. In category (3), inventions are not excluded from patent subject matter.

There are two issues to be stated here. The first is that proper examination guideline is required for clearly determining what falls under category (1) and what does not. While in the discussion above reproductive cloning technology has been classified in category (1), the criteria for the upper horizontal line in Figure 1, or those for the exclusion from patent subject matter based on Article 32 of the law, are not clearly defined in Japan, and thus no examination guidelines have been specified in this area. Showing several examples of exclusion from patentability, as is the case in Europe (Article 6.2. of the EU Directive 98/44/EC), warrants consideration.

The second issue is that patentability in category (2) is required. While patents are effective for a period of 20 years from their application, research regulations may change within every couple of years. In this case, as described in the Section 3 in this article, therapeutic cloning by ES cells derived from human clone embryos, which have the same genes as patients, is expected as future possibilities in Japan. In addition, even if derivations of ES cells from human somatic clone embryo are not allowed in Japan, it is possible that one might carry out such research in another country and apply for a patent in Japan based on the results because regulatory restrictions vary by country. Therefore, as it is mentioned in Article 27.2. of the TRIPs Agreement, it is unreasonable to exclude an invention from patentability merely because its practice is currently being restricted in the country.

4.2 Debate on Reforming the System for Patent Protection of Medical Activities

According to the examination guidelines of the Japanese Patent Office and current court practice, the requirement of "industrial applicability" set forth in Article 29 of the Japanese Patent Act may become another obstacle to the patentability of ES cell related inventions that involve direct action on the human body.

According to the current examination guidelines, claims regarding "medical activity" that include acts on the human body are excluded from patentability on the grounds that they are not "an invention which is industrially applicable".[12]

On this matter, several study meetings within the government have been held since 2002 to discuss institutional reforms.

In this section, I will focus on discussions about whether or not to amend the legal framework regarding the patenting of medical activity. These discussions have become a hot topic in Japan's intellectual property policy.

4.2.1 Key Court Decision that Gave Momentum to the Debate[13]

A court decision issued by the Tokyo High Court on April 11, 2002 (Demand for cancellation of trial decision No. 65 [2000][gyo ke]) gave momentum to this series of discussions.

X (plaintiff) was the holder of patent right regarding a "method and device to optically display surgical operations in a replayable manner". Using a priority claim from a patent filing in the Federal Republic of Germany, a patent application for the invention was filed with the Japanese Patent Office on May 21, 1988. A decision of rejection was issued on August 5, 1998. In return, an appeal against the examiner's decision of rejection was lodged on November 24, 1998, which was itself rejected on October 8, 1999. In response, X brought an action against Y (defendant; Commissioner of the Patent Office) for cancellation of the decision.

The issue in dispute was the first claim in the patent application in question ("Invention in Application"), which reads as follows: "a method to optically display in a replayable manner surgical operations performed using surgical instruments; namely, a method that can be characterized as follows: scan information of a part of the human body undergoing a surgical operation is stored in the memory of a data processing device, so that the positional data of the surgical site is determined based on the scan information; the surgical instruments are mounted to a support that is

---

[12] Guidelines for the Examination of Patents and Utility Models, Section II, Chapter 1, 2.1(1).

[13] SUMIKURA, "Patentability of Medical Activity", *Jurist* (Additional Volume), No. 183. pp. 234-235 (2006). (Japanese).

able to operate freely in three-dimensions; the positional data of the surgical devices is linked to that of the surgical site, and using the above-mentioned method, this linkage is used to direct the surgical implements to the surgical site. Features of the method include a) determining or positioning three or more measurement points that have easy external access as reference points; b) producing a scan that covers the measurement points from a part of human body and files it on the data memory; … (the list continues to item i))".

In the decision, it was determined that the Invention in Application was regarded as a "diagnostic method practiced on the human body" and thus a "medical activity" that is practiced normally by medical doctors or those designated by medical doctors. Hence it was not regarded as an "industrially applicable invention", (Article 29 of the Patent Law) which is one of the requirements for patentability.

In response, the Plaintiff argued that (1) the Invention in Application met the purpose of "contribut[ing] to the development of industry" found in Article 1 of the Japanese Patent Law and should thus be regarded as an "industrially applicable invention". With regard to the issue at hand, it would be a misinterpretation to judge "medical activity" not to be an "industrially applicable invention". (2) The Invention in Application was not a method for monitoring a patient's health status or grasping his or her medical condition, and hence should not be regarded as a "diagnostic method practiced on the human body" or "medical activity". Based on the interpretation of the defendant, no patent would be granted to any invention, for which the existence of a human body was a necessary constituent, and that such an interpretation is inappropriate as it unduly limits the protection of inventions in the medical and related industries.

In this court decision, the request by the plaintiff was rejected. Based on the understanding that the Invention in Application is regarded as medical activity, the following was presented:

> (1) The argument is not necessarily persuasive that medical activity, due to its deep relationship with human existence and dignity, should be made widely available to all of society without being protected by patent laws. It is more in line with the purpose of establishing the patent system to consider that such important technology, with its deep relationship to human existence and dignity, should be included as a patent's subject matter for the promotion of its development. In the current situation, in which patents are granted to pharmaceutical products and medical devices, there are valid grounds for questioning why medical activity alone should be disallowed for patents. Consequently, the position that patentability should be accorded to technology related to medical activity itself as an "industrially applicable invention" is worthy of attention.
>
> (2) There is, however, a substantial difference between pharmaceutical products or medical devices and medical activity itself as far as the discussion of patentability is concerned. Patents for pharmaceutical products or medical devices, while they may prevent medical professionals from acquiring such pharmaceutical products or medical devices, do not raise concerns over patent infringement at point when they are used. On the other hand, if a patent is granted to medical activities themselves, medical professionals may have to perform them while having to keep in mind concerns that what they are about to perform may potentially be regarded as a patent infringement. Considering the nature of medical practice, any system forcing professionals engaged

in medical activities into such a situation is terribly unfair. Unless the Patent Law takes measures to prevent this kind of a result from happening, it cannot be construed that patentability is recognized for medical activity itself.

(3) The claim by the Plaintiff arguing that patentability should be accorded to medical practice itself, though worth noting as a legislative theory, may not be accepted as an interpretation of the current Patent Law, which has not taken the measures necessary as a prerequisite for making medical activities patentable.

4.2.2 Discussions Directed Towards Institutional Reforms

In response to the court's decision, discussions on institutional reforms took place between 2002 and 2003 at the meetings of the Medical Activity Working Group of the Patent System Subcommittee of the Industrial Structure Council's Intellectual Property Policy Committee. The patentability of technology in regenerative medicine, especially methods of *in vitro* culture for the purpose of manufacturing pharmaceutical products such as genetically engineered drugs or cultured skin sheets, and cell processing methods for immuno-cell therapy, became an issue of concern. Such inventions would be rejected based on the Examination Guidelines for Patent and Utility Model in Japan, which rule out granting a patent to any "method for treating extracted substances performed on the presumption that they are to be returned to the same person's body (e.g., a method of dialyzing blood)". As a result of the discussions by the working group, however, it was decided that such methods (under the presumption that the extracted tissue is to be returned to the same person) should be included as a patentable subject matter, and the Examination Guidelines were accordingly revised in August 2003.

Then, during 2003 and 2004, discussions were made at the Task Force on the Protection of Patents of Medical-related Acts of the Intellectual Property Strategy Headquarters. In November 2004, a report entitled "Patent Protection for Medical-related Acts"[14] was compiled, which indicated a future direction in designing institutions by including "methods for controlling the operation of a medical device" and further protecting "methods for bringing about new efficacy or effects of medicine for the purpose of manufacturing and selling medicine" by means of patenting them as inventions of products. In response, the Revised Examination Guidelines for Industrially Applicable Inventions and the Examination Guidelines for Medicinal Inventions were issued in April 2005. Under the former examination guidelines, an invention would be eligible for patenting if the claim is drafted in a manner that clearly indicates that the invention is a method of controlling the operation of a device. Since November 2008, another discussion for modifying patent system for medical activity is going on.

Although the examination criteria have been modified or clarified in response to technological trends such as this, the principle of regarding "medical activity" as "not an industrially applicable invention" remains unchanged. As such, merely attempting to draft a claim for the whole process of therapeutic cloning that is as

[14] SHIMBO/COBDEN/SUMIKURA, "The patentability of medicinal inventions related to personalized medicine in Japan", Nature Biotechnology 23, 1367-1369 (2005).

close as possible to the actual practice does not guarantee that the claim will secure a patent. Whether the current principles may be changed to construct a new framework will be left to future discussions.

4.2.3 Starting Points for Future Discussions

It is likely that in the course of broad discussions concerning institutional reforms on medical issues, the patentability of medical activity has once again come to the forefront. Major points that should be given consideration during discussion of the patent system for medical activity include the following:[15]

(1) Now that derivation of ES cells from human somatic clone embryos has to become accepted, research and development of therapeutic cloning methods will be given significant impetus. Establishing rights to the results of research and development on therapeutic cloning may raise cases in which a claim in a patent application includes not only individual culture techniques and devices but the process of therapeutic cloning itself, or the process of collecting cells from a human body to derive human ES cells from them.

(2) In order for patenting to increase incentives for research and development, it is necessary to develop a system through which patent holders can collect royalties. It is also necessary, however, to take steps to ensure that medical practice is not hindered by patents. Institutionalizing exemption of liability of medical professionals will work.

(3) With the institutionalization of patentability of medical activity and the exemption of liability of medical professionals instead of merely denying patent protection for inventions which involve medical activity, holders of patents to inventions of medical activity may be able to exercise their rights against indirect infringement by businesses that provide pharmaceutical products or devices used in medical practice. It should be noted, however, that this discussion is based on a principle of "independence" that does not require a direct infringement to exist for the establishment of an indirect infringement.

(4) It may also be possible to exclude a patent based on biotechnology such as genetic engineering, even if it is a patent to a medical treatment-related invention, from the exemption of liability of medical professionals. This is the case in the United States. In the U.S., medical activity was once regarded as a patent subject, similar to ordinary inventions. Following the case in which a medical professional that held a patent to an operative procedure for cataract surgery sued other medical professionals and a hospital for patent infringement (*Pallin v. Singer*, 36 USPQ2d 1050 [Va. 1995]), however, the Patent Law was amended in 1996 to exclude therapeutic interventions by medical professionals from legislative remedies such as injunctive or compensation remedies. In cases of infringement of patents in the use of a patented machine, manufacture, or composition of matter, the practice of a patented use of a composition of matter, and the practice of a process, even practice by medical professionals is excluded from the exemption.

(5) Even if a device used in medical activity is patented, an externally improved version of the device and devices having different formats may not be covered in many

---

[15] SUMIKURA, "Discussion Points on Patent System for Protection of Medical Practices", APIC Newsletter 38, 9-10 (2005).

cases. On the other hand, if the medical activity itself can be patented, the scope of rights may practically be wider. Obtaining a patent by a claim based on the actual content of technology may also more effectively meet the original purpose of the patent system to make the content of technology available to the society. This also constitutes a rebuttal to the argument that institutional reform may not be necessary because patents can be obtained by carefully constructing claims according to the guidelines, even under the existing system.

(6) It is appropriate for the government to control medical treatment-related inventions involving major safety/ethical issues through prohibition or restriction, regardless of patentability.

(7) Some medical treatment-related inventions that do not require prohibition or restriction, yet, leave room for debate regarding safety or ethics, find it difficult to secure promotion from the national government by means of research grants that use public funds. It may be appropriate from the viewpoint of a science and technology policy to make such inventions patentable in order to leave room for research and development based on private funding.

(8) There is a tendency to think that patent protection in a new field may in many cases result in more foreign businesses as patent holders at the beginning, and thus disadvantage domestic businesses. However, it should be understood that in the long run, establishment and clarification of patent protection will contribute to the higher competitiveness of domestic businesses.

5 Conclusion

Progress in research and development in the field of regenerative medicine, through the realization of therapeutic cloning and other technologies, makes a significant contribution to human health and well-being. In Japan, where the injection of governmental funds into science and technology research is increasingly promoted, it is expected that continued concentration of human and financial resources in this field will help produce research results crucial to the future of medicine.

One of the issues on the agenda concerning the institutions surrounding research and development in the field of regenerative medicine is institutional design for the purpose of achieving smooth production and use of human somatic clone embryos for the purpose of promoting research into therapeutic cloning. It is necessary, however, to deliberate carefully on the reform of the current regulations. For example, on the collection of unfertilized eggs from unpaid volunteers such discussion should gradually be deepened with the involvement of scientists, legal and ethics experts, administrative and industrial representatives, and the general public. It will be reasonable to reserve any significant use of national funds for the promotion of research and development in therapeutic cloning using unfertilized eggs from unpaid volunteers until the point at which such discussions have been completed and the institutional design has been determined.

Nevertheless, the promotion of research and development in this field is a pressing issue, and it is thus desirable that research and development in forms other than those based on government funding are carried out while the discussion regarding institutional design is still underway. At this stage, research and development by venture businesses based on private funds may be anticipated. In order for such research and development to receive investment, it is critical to give guarantees that a patent will be issued and exclusive rights will be obtained once appropriate research results are achieved. To this end, it is necessary that patents for therapeutic cloning methods are granted in terms as close to the actual practice of the method as possible, and in a manner that effective use of the right is possible. It is therefore necessary to create an environment promoting effective use of the right to therapeutic cloning by reforming the current legal framework in which patentability of claims that include actions on the human body are not allowed on the grounds of being industrially inapplicable "medical activity". By redesigning the patent framework in an appropriate and prompt manner instead of simply restricting research, gradual and thorough deliberation on ethical issues can take place while at the same time the environment for the promotion of privately funded research can be established. This approach may be necessary in order to construct the framework of future research in the field of regenerative medicine.

GPSR Compliance

The European Union's (EU) General Product Safety Regulation (GPSR) is a set of rules that requires consumer products to be safe and our obligations to ensure this.

If you have any concerns about our products, you can contact us on ProductSafety@springernature.com

In case Publisher is established outside the EU, the EU authorized representative is:

Springer Nature Customer Service Center GmbH
Europaplatz 3
69115 Heidelberg, Germany

Batch number: 10111949

Printed by Printforce, the Netherlands